Sitzungsberichte
der Akademie der Wissenschaften
der DDR
Mathematik – Naturwissenschaften – Technik

3 N

1981

Ausgewählte Probleme der physikalischen Chemie

AKADEMIE-VERLAG · BERLIN

THEORIA CUM PRAXI

Sitzungsberichte
der Akademie der Wissenschaften
der DDR
Mathematik – Naturwissenschaften – Technik

Jahrgang 1981 Nr. 3/N

Ausgewählte Probleme der physikalischen Chemie

AKADEMIE-VERLAG · BERLIN
1981

Vorträge der Festkolloquien aus Anlaß
des 80. Geburtstages von Peter Adolf Thiessen,
Ordentliches Mitglied der Akademie der Wissenschaften der DDR am 12. April und 8. Juni 1979,
veranstaltet von der Klasse Chemie gemeinsam
mit dem Zentralinstitut für Physikalische Chemie
der AdW der DDR

Herausgegeben im Auftrage
des Präsidenten der Akademie
der Wissenschaften der DDR
von Vizepräsident Prof. Dr. Heinrich Scheel

ISSN 0138-3956
Erschienen im Akademie-Verlag, 1080 Berlin, Leipziger Str. 3-4

Lizenznummer: 202 · 100/53/81
Gesamtherstellung: VEB Druckhaus Köthen
Bestellnummer: 762 936 7 2010/81/3/N) · LSV 1215
Printed in GDR
DDR 19,50 M

Inhalt

H. Klare

Eröffnung

Sehr geehrter, lieber Herr THIESSEN!
Meine sehr verehrten Kolleginnen und Kollegen!

Als sich herausgestellt hatte, daß ich auf diesem Festkolloquium, das Ihrem 80. Geburtstag, lieber Herr THIESSEN, gewidmet ist, als erster sprechen würde, da habe ich mir alsbald vorgenommen, keine lebensbeschreibende Laudatio vorzutragen, sondern einiges zu unterlassen, was sonst Brauch ist, und einiges zu sagen, was man in den üblichen Laudationes nur ausnahmsweise findet. Dabei halte ich mich auch an eine von P. A. THIESSENS Spruchweisheiten, die ich bereits 1962 und später noch öfter von ihm hörte, und die ich bis heute – so hoffe ich – auch beherzigte, wo immer es nur angebracht schien: „Niemand soll sein Konto überziehen". Das möchte ich eben auch heute nicht tun, indem ich noch einmal den Werdegang von P. A. THIESSEN nachzeichne, oder mir anmaße, in einer guten Viertelstunde ein Urteil über seine wissenschaftlichen Leistungen abzugeben. Das, wie gesagt, werde ich unterlassen, zumal es mehrere Male hier und an anderer Stelle ausgezeichnet vorgetragen wurde, und weil ich überdies annehmen darf, daß der überwiegende Teil der Anwesenden Ihren Werdegang kennt. Ich unterlasse das auch vornehmlich deshalb, damit Sie, Herr THIESSEN, nicht das Gefühl bekommen, wir wollten Sie heute sozusagen verabschieden; denn das möchten wir nun überhaupt nicht. Wir freuen uns im Gegenteil aufrichtig, Sie in all den Jahren wenig verändert und – darf ich sagen – so munter und lebendig unter uns zu sehen. Wenn Sie altersbedingt vielleicht nicht mehr alles so ganz genau mithören können, was hier gesagt wird, dann lassen Sie mich Ihnen bestätigen, bisweilen ist das eine wahre Wohltat, aber ich weiß aus Erfahrung, alles, was Sie hören müssen, das hören Sie ganz präzise und artikulieren es dann auch, wie z.B. diese Sätze erst vor wenigen Monaten: „Wir dürfen nicht abwarten! Es genügt nicht, Herausforderungen abzuwehren. Das ist zu wenig. Offensiv zu arbeiten ist zwingend notwendig, in der Informationspolitik genauso wie in der ideologischen Auseinandersetzung, im Lehren und Lernen genauso wie in der materiellen Produktion und den Künsten. Auf allen Gebieten! Und erst recht bei der Durchsetzung des wissenschaftlich-technischen Fortschritts." [1]

Wenn Sie, meine Kolleginnen und Kollegen, sich einmal die empfehlenswerte Mühe machen, nachzublättern, dann werden Sie finden, ob mit 60, 70 oder

80 Jahren, das, was Sie soeben hörten, ist P. A. THIESSEN, wie er leibt und lebt, wie wir ihn kennen und wie er es uns auch selbst vorgemacht hat. Besonders, wenn er dann noch fortfährt: „Offensiv sein, ohne aggressiv zu sein, bedeutet dreierlei: Leistung, Leistung, Leistung! Und als Notenschlüssel: Vorausleistung. Womit gemeint ist: prognostisches Denken, logisches Planen, Akkumulation von Wissen und Können, schöpferisches Gestalten bei höchster Produktivität. Auch Vorausleistung für Sicherheit!" [2]

Verstehen Sie mich jetzt, meine Damen und Herren, wenn ich vorhin die Worte „munter" und „lebendig" gebrauchte. Was Sie eben hörten, ist nicht die Sprache eines alten Mannes, im Sinne von veraltet, das sind Worte eines Menschen, der sich trotz seiner 80 Jahre Ausdrucksfähigkeit und Geist der Jugend bewahrt hat. Übrigens wurde das, was ich zitierte, auch zu jungen Menschen gesprochen. –

Meines Wissens, lieber Herr THIESSEN, sind wir uns vor gut 20 Jahren zum ersten Male begegnet; ich meine von Angesicht zu Angesicht. Was die Arbeiten angeht, die aus Ihrem Dahlemer Institut hervorgingen, davon hatte ich natürlich viel früher gehört, nachdem ich mich mit dem Verhalten von Zellulosemolekülen in Lösung und Fadenform und später mit Polyamiden und Polyurethanen befaßte. Was ich allerdings heute nicht mehr begreife, ist die Tatsache, daß wir uns Ende der dreißiger Jahre nicht in den großen Wolfener oder Rummelsburger Laboratorien ein Elektronenmikroskop oder ein Röntgen-Interferenz-Gerät angeschafft haben, nachdem die grundlegenden Arbeiten Ihres und anderer Institute über den strukturellen Aufbau von makromolekularen Verbindungen bekannt wurden. Vielleicht war aber die Arbeitsteilung sehr gut; denn ich will nicht verhehlen, daß Herr BRILL für uns Anfang der 40er Jahre alle Strukturuntersuchungen mittels Röntgeninterferenzen an Polyamiden machte, die uns erforderlich erschienen. Wo wir uns zum ersten Male begegneten, weiß ich nicht mehr, sehr lebhaft ist aber noch in meiner Erinnerung die Gründung des Forschungsrates mit Ihnen als Vorsitzenden. Wir Jüngeren haben diese Einrichtung damals sehr begrüßt, empfanden wir diese Regelung doch als eine klare Mitbestimmung der Wissenschaftler bei der Themenfindung in einer geplanten Forschung.

Mir – und nicht nur mir – hat schon damals die meist sehr nüchterne Diktion, der ausgezeichnet formulierte, aber unverblümte Klartext Ihrer Reden und die von Ihnen fast immer beigefügte Anleitung zum Handeln außerordentlich gut gefallen. Daran hat sich bis auf diesen Tag nichts geändert, und was Sie zu sagen haben, lautet heute wie früher dann zum Beispiel so: „Das Verkennen der Möglichkeiten und Notwendigkeiten des wissenschaftlich-technischen Fortschritts beginnt dort, wo geredet wird, ohne genau anzugeben, welche konkreten Folgerungen zu ziehen sind. Die wissenschaftlich-technische und wirtschaftliche Arbeit wird sozialistischen Anforderungen nur gerecht, wenn ihr ein Hochmaß an Sachlichkeit, Konkretheit und operativem Handeln zu eigen ist." [3]

Sie wurden in jenen Jahren niemals müde, allen, die das nur langsam begreifen konnten, in zahlreichen anregenden Lektionen und Reden beizubringen, daß Forschung – auch Grundlagenforschung – geplant werden kann und geplant werden muß und daß die Wissenschaft ein Politikum ersten Ranges ist, das erschien vielen Ihrer Kollegen damals gar nicht so unbedingt richtig. Sie ließen auch nicht davon ab, den Wissenschaftlern der DDR klar zu machen, daß die Forschung im gesellschaftlichen Auftrag und damit stets zum Nutzen der sozialistischen Gesellschaft betrieben werden muß. (Damals fiel auch der Begriff des „wissenschaftlichen Schrebergartens"). Daher auch heute noch ihre Forderung, insbesondere an den Nachwuchs: „Sucht nach gesellschaftlichgültigen Motiven für Eure gute Tätigkeit." Und an uns alle gerichtet Ihre Mahnung: „Die Wissenschaft hat ihre Schulden an die Arbeiterklasse noch nicht beglichen", woraus Sie dann folgern: „Wir brauchen die konstruktive Ungeduld." [4]

Ich möchte auch nicht übergehen, daß Sie als Vorsitzender des Forschungsrates und nicht nur in dieser Funktion die Bedeutung und Notwendigkeit der chemischen Verfahrenstechnik im besonderen und technische Forschung allgemein immer wieder in's rechte Licht gerückt haben. Das geschah zu meiner und vieler meiner Kollegen, die aus der Industrieforschung kamen, unverhohlenen Freude, besonders wenn Sie sagten, man müsse sich, um das zu verstehen, während seiner Arbeit auch einmal im Betrieb „seine Hände schmutzig gemacht und Löcher in die Hosen gebrannt haben". Und dann verwiesen Sie u.a. auch auf Ihre Tätigkeit in der Sowjetunion, die M. Steenbeck in einer Festansprache zu Ihrem 65. Geburtstag u.a. wie folgt beschrieb: „Eine... für uns andere deutlich sichtbare Zeit hindurch waren alle Mitarbeiter der Gruppe Thiessen daran zu erkennen, daß sie wie Schornsteinfeger herumliefen. Sie waren durch Carbonyl-Nickel eindeutig markiert. Sehr bald aber wurde das Verfahren dann so beherrscht und damit auch die Asepsis möglich, daß der einem Husarenritt gleichende Anfang geschaffen war; Schwung blieb auch weiter, dafür sorgte der Chef und der alle anderen ohnehin mitreißende Erfolg der Arbeit."

Dieser „Schwung", von dem Herr Steenbeck hier spricht, blieb in allem, was Sie unternehmen und sagen, spürbar, und ich bedaure es auf Grund eigener Erfahrungen immer wieder, daß nicht alle unsere jungen Naturwissenschaftler einmal in ihrem Werdegang einen „Husarenritt" in einem Entwicklungslabor der Industrie miterlebt und durchgestanden haben. Alle, die das einmal mitgemacht haben, werden Sie verstehen, wenn Sie heute von sich sagen: „Ich bin ein unbedingter Anhänger des Neuerertums aus Gesinnung und Haltung. Entscheidend sind dabei die großen Schritte in den Bereich des erkennbaren Unbekannten. Man kann zuweilen vor dem Neuen erschrecken, sollte sich aber wieder schnell beruhigen. Es gibt keine Gespenster, die den Weg zu höheren Ebenen verlegen." [5]

Jetzt mag es allmählich so aussehen, als ob ich hier nur über den Forschungsratsvorsitzenden und nicht über das Akademiemitglied THIESSEN sprechen will, das ist aber keineswegs meine Absicht.

Lieber Herr THIESSEN, Sie hatten erheblichen Anteil an dem Zustandekommen der Forschungsgemeinschaft der naturwissenschaftlichen, technischen und medizinischen Institute der DAW, und das war seinerzeit eine gute und nützliche organisatorische Zusammenfassung der Akademieeinrichtungen. Daß diese Struktur dann 1968 geändert wurde, spricht keineswegs dagegen; denn ich meine, ohne die Forschungsgemeinschaft hätte es keine Akademiereform geben können. Ich habe Sie seinerzeit und auch später des öfteren um Rat gefragt, und bin auch immer gut beraten von Ihnen fortgegangen. An die streitbaren Auseinandersetzungen über die Aufarbeitung radioaktiver Abfälle mittels Fluorierung werden Sie sich z. B. sicher ebenso lebhaft erinnern wie ich.

1957 begann nach ihren Plänen der Aufbau des Instituts für Physikalische Chemie, dessen von Ihnen stammende Konzeption sich bis heute bewährt hat. Was sich hinter dieser nüchternen Feststellung an sachlichen und auch menschlichen Schwierigkeiten verbirgt, als Sie sich mit immerhin 58 Jahren wieder einen neuen Wirkungskreis aufbauten, das kennen nur Sie selbst in seinem ganzen Umfang, ein Außenstehender kann das nur annähernd ermessen; denn wie Sie selbst sagen „liegt in der Aufgabenstellung eben die Schwierigkeit". Das spricht überhaupt nicht gegen die materielle und ideelle Unterstützung, die Ihnen zuteil wurde, sei es von dem Mitarbeiterkreis, den Sie um sich sammelten, sei es durch Partei und Regierung. Wir konnten jedenfalls registrieren, daß Ihr Institut in relativ kurzer Zeit durch seine wissenschaftlichen Leistungen von sich reden machte; dabei war die lenkende Hand des Institutsdirektors immer spürbar, auch wenn sein Name in den Publikationen gar nicht auftauchte. Ich möchte auch diese kurze Übersicht nicht abschließen, ohne Sie wieder zu zitieren: „Die Fähigkeiten der Menschen, zu erkennen und zu gestalten, sind unbegrenzt. Das Potential des gesellschaftlichen Fortschritts ist unerschöpflich." [6]

Ich hoffe, daß ich mich nicht irre, wenn ich ausspreche, daß diese beiden Sätze so etwas wie Ihr wissenschaftliches „credo" sind; auch der unerschütterliche Optimismus, der darin mitschwingt, ist vielleicht ein Schlüssel zu ihren Leistungen und oft verblüffenden Überlegungen; sei es auf dem Felde der physikalischen Chemie, sei es als Organisator und Mahner, der dazu aufrief, die Verpflichtungen der Wissenschaft und ihrer Vertreter einzulösen.

Lieber Herr THIESSEN, meine sehr verehrten Kolleginnen und Kollegen, Sie können mir möglicherweise vorhalten, ich hätte es mir recht einfach gemacht, indem ich die Laudatio für P. A. THIESSEN aus lauter Zitaten von P. A. THISSEN zusammengesetzt hätte. Ich bestreite das gar nicht, ich bestätige Ihnen sogar, daß ich das ganz bewußt getan habe. Eine Laudatio soll ja nicht nur „eine Lobrede" schlechthin sein, sondern ich meine, sie soll widerspiegeln, wie der zu Lobende Zeit seines Lebens wirkte und für was er wirkte. Wie aber könnte man das besser wiedergeben, als wenn man ihn selbst sprechen läßt;

P. A. THIESSEN würde jetzt vielleicht hinzufügen „ohne Netz und doppelten Boden". Wer noch mehr hören möchte, der mag – und das sollten recht viele tun – das Buch lesen, das zum 80. Geburtstag mit Reden und Artikeln von P. A. THIESSEN erschienen ist. Wir wissen, daß Sie sich seit einigen Jahren mit dem Wesen und Wirken der zwischenmolekularen Kräfte bei gezielten Stoffwandlungen befassen und daß Sie damit noch weitreichende Pläne verfolgen. Vor zwei Jahren haben Sie selbst an dieser Stelle in der Ihnen eigentümlichen Form darüber berichtet und uns Ihre neuen Experimente vorgeführt.

Lieber Herr THIESSEN, wir wünschen Ihnen von ganzem Herzen, daß Sie alles fortsetzen können, was Sie sich vorgenommen haben und daß dieses ohne eine fühlbare Last der Physis und Psyche ad multos annos geschehen möge.

Literatur

[1]–[6] Forum 3/79, S. 14, Gespräch mit Akademiemitglied P. A. Thiessen über Tendenzen des wissenschaftlich-technischen Fortschritts.

V. I. Spitzin, L. I. Martjinenko, G. W. Korpussow

Untersuchung der zur Erhöhung der Effektivität bei der Trennung von Seltenerdmetallen zu verwendenden physikalisch-chemischen Prozesse

Im Laufe von mehr als hundert Jahren wurden zur Trennung von Seltenerdmetallen die fraktionierte Kristallisation oder fraktionierte Fällung verwendet. Nach der Entdeckung der Radioaktivität wurde dieses Verfahren zur Trennung von Radiumpräparaten bzw. von diesen verwandten Elementen und im weiteren zur Trennung von Hafnium-Zirkonium-Gemischen und anderen seltenen Elementen verwendet. Die fraktionierte Kristallisation hat sich jedoch als ein kraft- und zeitraubender sowie langsam vor sich gehender Prozeß erwiesen. In den letzten 20 bis 25 Jahren wurde diese durch Chromatographie und Extraktion verdrängt. Übrigens bedürfen auch diese Methoden einer weiteren wissenschaftlichen Bearbeitung.

In unseren Laboratorien wurden physikalisch-chemische Untersuchungen vorgenommen, die auf eine Erhöhung der Aktivität bei der Trennung von Seltenerdmetallen durch Chromatographie und Extraktion gerichtet wurden.

I. Chromatographische Trennung

Der Unterschied in den Eigenschaften der benachbarten Glieder der Seltenerdmetall-Reihe ist sehr gering. Es war vor allem notwendig, ein theoretisches Herangehen für eine gerichtete Suche nach Verbindungen zu entwickeln, die einen maximalen Unterschied in den Eigenschaften der Seltenerdmetallderivate gewährleisten und dadurch die Effektivität der Trennungsmethoden erhöhen könnten, und zwar Verbindungen zu synthetisieren, die in der Seltenerdmetall-Reihe ihren Eigenschaften nach weitgehend unterschiedlich wären, Bedingungen zu entdecken, unter welchen dieser Unterschied am effektivsten verwendet werden könnte (bei der Ionenaustauschchromatographie, Extraktion, fraktionierten Sublimation u.a.m.).

Die Frage beantworten, wie eine „optimale" Seltenerdmetall-Komplexverbindung aufgebaut werden sollte, das heißt, den geringen Unterschied in den Eigenschaften der benachbarten Seltenerdmetallen maximal zu erhöhen, konnte man nur in dem Fall, wenn man die Natur des Aufbaus der Seltenerdmetall-Komplexe kannte. Vor 25 Jahren galten die Seltenerdmetalle als schlechte Komplexbildner (in der Art von Calcium), und zwar, infolge des Fehlens von Orbitalen, die Elektronen der Donatoratome zu akzeptieren fähig sind, und infolge eines großen Ionenradius der Seltenerdmetalle. Damals wurde ein formeller Vergleich zwischen dem Aufbau der Seltenerdmetall-Komplexe und dem Aufbau gleicher Verbindungen, weiterer dreiwertiger Kationen, wie Aluminium, Chrom, Eisen usw. angestellt. Die Wissenschaftler zum Beispiel nahmen an, daß der Koordinationswert der Seltenerdmetall-Ionen stets gleich 6 ist, daß ihre Komplexe eine oktaedrische Symmetrie aufweisen usw.

Die Theorie des Aufbaus von Seltenerdmetall-Komplexen hat einen großen Fortschritt gemacht. Wir haben an der Untersuchung von verschiedenen Seltenerdmetall-Komplexen anhand physikalisch-chemischer Methoden, an der Untersuchung des Mechanismus der Reaktionen zu ihrer Bildung aktiv teilgenommen [1, 2]. Es wurden von uns über dreitausend früher unbekannter Seltenerdmetall-Komplexe mit organischen mehrzähligen Liganden synthetisiert, untersucht und beschrieben. Das war notwendig, um über eine „Statistik zu verfügen" und Vergleiche, Korrelationen und weitere Verallgemeinerungen anstellen zu können. Gerade für mannigfaltige Seltenerdmetall-Komplexe, die eine niedrige Symmetrie, hohe und variable Bedeutungen der Koordinationszahlen besitzen und gleichzeitig und unter Ausgangsbedingungen fähig sind, Komplexe verschiedener Zusammensetzung und eine Anzahl von Isomeren (zum Beispiel von Hydratisomeren) zu bilden, ist eine umfangreiche Statistik zum Unterschied von Systemen mit inerten Komplexen, wie Platinmetallverbindungen durchaus notwendig.

Wir möchten einige Beispiele anführen durch welche die Kompliziertheit und Mannigfaltigkeit der Komplexverbindungen der Seltenerdmetalle bestätigt werden konnte.

1. Aufbau des Neodymnitryltriacetat-3-hydrates

Der Aufbau wurde mittels Röntgenoskopie an einem in unserem Laboratorium hergestellten Monokristall und unter Verwendung einer Voraussage der Struktur, die von uns auf Grund einer vorher durchgeführten physikalisch-chemischen Untersuchung dieser Verbindung (thermogravimetrische Analyse, IR-Spektroskopie, chemische Analyse u.a.m.) gestellt wurde, untersucht [3].

Wie aus der Abb. 1 zu ersehen ist, ist die Koordinationszahl von Neodym 9 und nicht 6, wie dies bis zum Jahre 1965 angenommen wurde. Das Nitryltriazetat-Ion (NTA^{3-}) bildet 3 fünfgliedrige Zyklen mit dem gegebenen Neodym-Ion. Die Acetogruppen von NTA^{3-} nehmen an der Bildung von Bindungen auch mit benachbarten Neodym-Ionen teil. Die innere Koordinationssphäre von Neodym wird somit durch ein Stickstoffatom, drei eigene Sauerstoffatome des Restes NTA^{3-}, zwei Sauerstoffatome des Wassers der inneren Sphäre und drei Sauerstoffatome der Ionen von NTA^{3-} der benachbarten Komplexe ausgefüllt. Abgesehen davon, daß jedes Ion von NTA^{3-} an der Bildung von drei Chelatzyklen

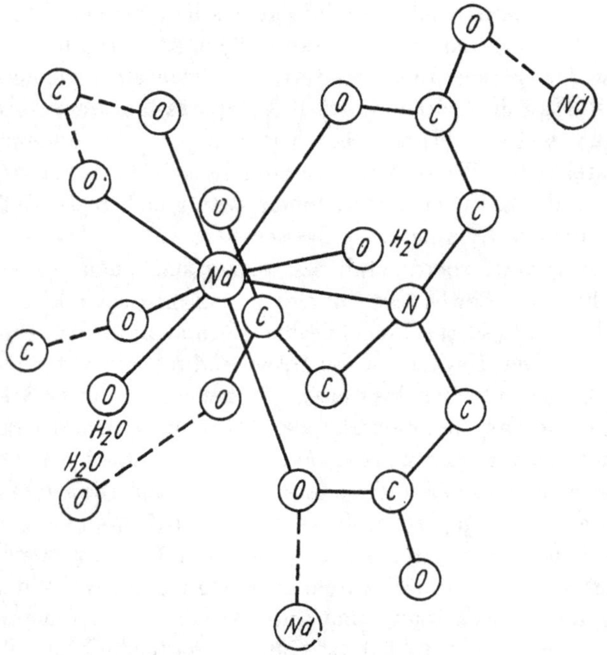

Abb. 1 Aufbau von $Nd(NTA) \cdot 3H_2O$

Abb. 2 Thermogramme verschiedener Neodymnitrylotriazetat – Hydrate
$Nd(NTA) \cdot 5H_2O$ (1)
$Nd(NTA)(H_2O) \cdot 2H_2O$ (2)
$Nd(NTA)(2H_2O) \cdot H_2O$ (3)
Die dritte Kurve bezieht sich auf den Komplex mit der Abbildung 1 dargestelltem Aufbau

teilnimmt, spielen die in diesem Liganden enthaltenen drei Acetogruppen verschiedene Rollen. Eine der Acetogruppen ist monozählig, die andere bizählig und die dritte dreizählig. Die Dreizähligkeit bedeutet, daß die beiden Sauerstoffatome der Carboxylgruppe koordiniert sind, wobei eines von diesen zwei Neodymatomen den benachbarten Komplexmolekülen gleichzeitig gehört. Der Aufbau des Komplexes ist folglich kettenartig, die Moleküle der Komplexe sind in eine mehrdimensionale Bildung vereint und durch Brücken-Acetogruppen stark vernetzt.

Der anhand der Röntgenstrukturanalyse nachgewiesene Eintritt von nur zwei Wassermolekülen (von drei die im Kristallhydrat vorhanden sind) in die Koordinationssphäre des Komplexes stimmt mit der Vorhersage, die auf Grund der thermographischen Analyse gestellt wurde, gut überein (Abb. 2) [4].

2. Aufbau des Neodymäthylendiamintetraacetat mit Guanidinion an der äußeren Sphäre

Diese Verbindung ist ein Beispiel der Inselstruktur [2]. Hier fehlen die Brücken-Acetogruppen, jede von diesen ist monozählig. Die Koordinationszahl von Neodym ist hier gleich 9, wie auch beim vorhergehenden Fall.

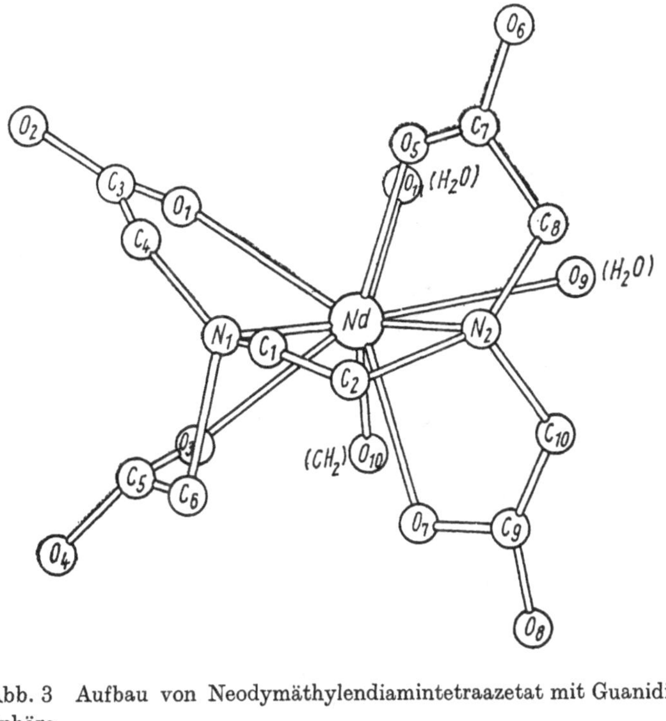

Abb. 3 Aufbau von Neodymäthylendiamintetraazetat mit Guanidin-Ion an der äußeren Sphäre

Die Koordinationssphäre von Neodym wird jedoch durch Donatoratome ausschließlich eines Liganden, und nicht mehrerer, wie dies bei der vorhergehenden Struktur der Fall war, ausgefüllt. Das Äthylendiamintetraacetat-Ion ist hexazählig und bildet 5 fünfgliedrige Zyklen, die das Neodym-Ion durch eine Halbsphäre umringen. Außer zwei Stickstoffatomen und vier Sauerstoffatomen aus ÄDTA werden durch Neodym drei Sauerstoffatome der Moleküle des Innensphäre-Hydratwassers koordiniert.

3. Die Natur der Bindung in Komplexverbindungen der Seltenerdmetalle

In den Lösungen der durch mehrzählige Liganden gebildeten Seltenerdmetall-Komplexe, wird in der Regel ein bewegliches Gleichgewicht zwischen einer großen Anzahl von Komplexen verschiedener Zusammensetzung und verschiedenen Aufbaus aufrechterhalten. Das sind protonierte, neutrale und Hydroxokomplexe, mono-, bis- und tris-Komplexe, Polykern- und gemischte Ligandenverbindungen, Hydratisomere u.a.m. Die Kompliziertheit der Gleichgewichte

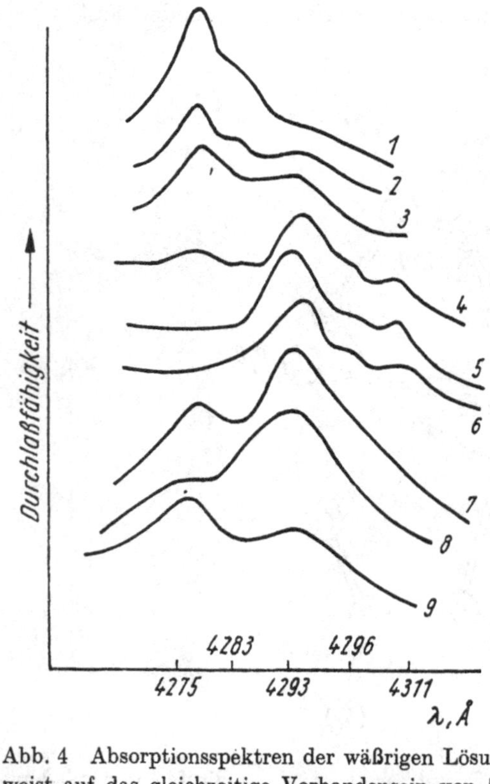

Abb. 4 Absorptionsspektren der wäßrigen Lösungen der Neodym-α-Alaninate. Kurve 5 weist auf das gleichzeitige Vorhandensein von 5 Komplexen verschiedener Zusammensetzung hin

in Systemen mit Seltenerdmetall-Komplexen ist durch die Labilität dieser Verbindungen, durch die Neigung zum Austausch von Liganden und Zentralion bedingt. Die Grundursache der Mannigfaltigkeit der Komplexe ist der Ionen-Typ der Bindung Seltenerdmetall-Ligand.

In der Abb. 4 ist das elektronische Absorptionsspektrum der Lösung von komplexen Neodym-α-alaninaten dargestellt [5], aus dem zu folgern ist, daß in der Lösung fünf Komplexe verschiedener Zusammensetzung coexistieren (es wurde ein Spektrograph mit einer hohen Auflösung – 5 Å/mm verwendet, wobei jeder Bande ein Komplex mit individuellem Aufbau und Zusammensetzung entsprach). In der Abb. 5 werden Elektronenspektren hoher Auflösung von Lösungen Neodym-äthylendiamintetraacetaten ($ÄDTA^{4-}$) und Neodym-diäthylentriaminpentaacetaten ($DTPA^{5-}$) angeführt, aus denen zu ersehen ist, daß die $ÄDTA^{4-}$- und $DTPA^{5-}$-Ionen mehr als ein Neodym-Ion in einem Komplex mit der gleichen Absorptionsbande (also auch mit der gleichen Symmetrie) binden können, wie auch das Monokomplexonat.

Dies ist ausschließlich bei dem ionischen Typ der Bindung möglich [1, 2].

Über die Vorteile der ionischen Bindung in diesen Verbindungen zeugen Untersuchungen der Schwingungsspektren, der Austauschkinetik und weitere Methoden. Es wurden Betrachtungen über das Problem angestellt, wie die Koordinationsbindungen der Seltenerdmetalle aufgebaut werden sollen, damit der Unterschied in ihren Eigenschaften maximal wäre. Die Liganden von ein und

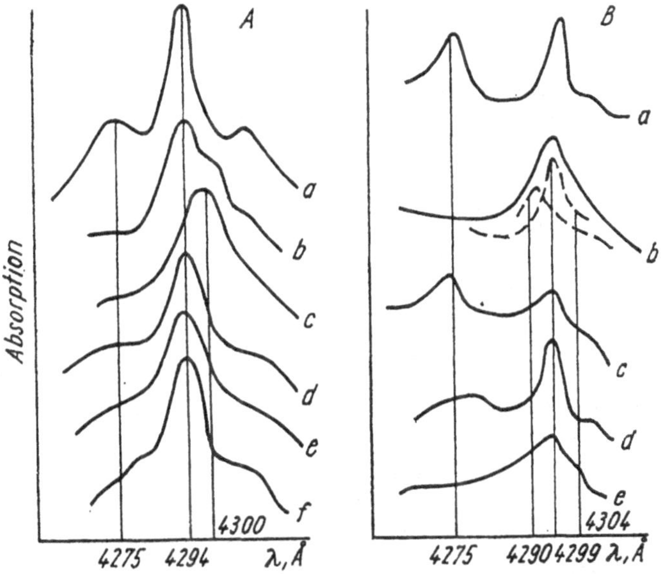

Abb. 5 Absorptionsspektrum der Polykern-Neodym-Komplexonate

derselben Art, ein und dieselben Donatoratome und sogar Zyklen, aber unterschiedlich gebunden, haben einen unterschiedlichen Entropie-Effekt zur Folge, wodurch die Stabilität der Verbindungen, im Grunde genommen bestimmt wird.

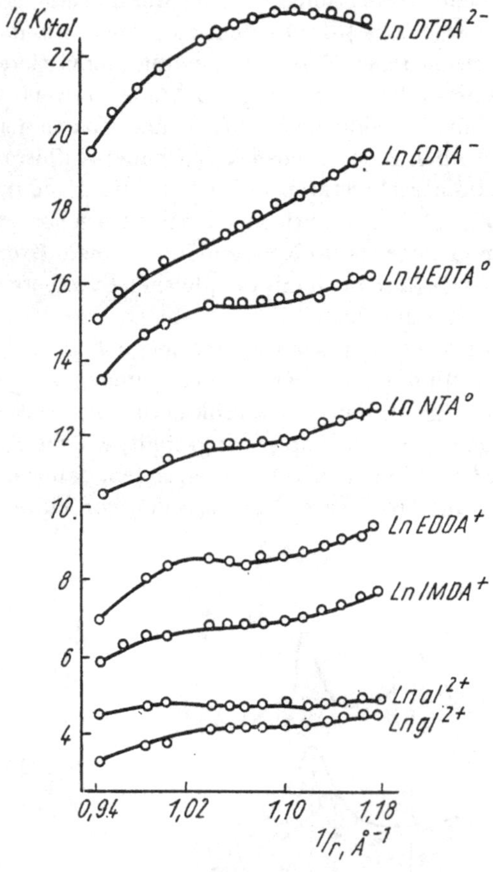

Abb. 6 Abhängigkeit lg K_{stab} von $1/r$ ((Ln^{3+}).

Es liegt auf der Hand, daß in der Lösung die Stabilität der Komplexonate desto höher ist, je höher die Ladung des Liganden ist und je mehr Chelatzyklen ein Ligand bildet. Eine hohe Stabilitätskonstante ist öfters (obwohl nicht immer) für die Trennung nützlich. Das wichtigste sind eine hohe Selektivität, ein großer Unterschied im Wert der Stabilitätskonstante. Aus der Abbildung 6 ist zu ersehen, daß das Wachstum der Stabilitätskonstante in der Reihe der Seltenerdmetalle öfters verlangsamt wird und daß der Verlauf der Änderung der Stabilitätskonstante sogar reversibel ist [1, 2].

Wir haben eine große Reihe Untersuchungen zur Feststellung von Grundursachen der Unregelmäßigkeit im Verlauf der Stabilitätskonstante in der Reihe der Seltenerdmetalle durchgeführt [2]. Es wurden der Aufbau der festen und aufgelösten Komplexe anhand verschiedener Methoden untersucht, Angaben über die Lösungen und den Aufbau der festen Verbindungen verglichen, die Bedingungen der Zulässigkeit einer Gleichsetzung des Aufbaus einer festen und einer aufgelösten Komplexverbindung geklärt. Es wurde festgestellt, daß die höchste Δ lg der Stabilitätskonstante für benachbarte Seltenerdmetalle dann erreicht wird, wenn ein mehrzähliger Ligand eine flexible Struktur zu bilden fähig ist, die sich in der Reihe der Seltenerdmetalle mit einer Verringerung des ionischen Radius der Lanthanide nicht wesentlich ändert. Eine in der Reihe der Seltenerdmetalle gleichmäßige Annäherung des Zentralatoms und des Liganden ergibt in einem solchen Fall den maximalen Effekt. Ist die Struktur zu sehr gespannt und dies läßt sich an Liganden mit einer niedrigen – von der Art Iminodiacetaten (IMDA), NTA- und einer zu hohen Mehrzähligkeit (DTPA) nachweisen, so wird in der Reihe der Seltenerdmetalle die Struktur mit einer allmählichen Freilegung der Donatorgruppen mit einer Verringerung des ionischen Radius mehrmals geändert [1, 2].

Es ist interessant, daß in IR-Spektren der Komplexe der schweren Seltenerdmetalle mit ÄDTA nichtkomplexierte Carboxylgruppen erscheinen, die zur Protonisierung fähig sind, da sie dem koordinierenden Einfluß des Zentralatoms nicht unterworfen sind [6]. Daraus wurde die Schlußfolgerung über die Bedingungen zum Erreichen eines Optimums im Aufbau der Komplexe gezogen. Ihre Struktur soll gespannt sein, damit sie auf die Änderung im ionischen Radius von Ln^{3+} genügend empfindlich reagieren könnte. Diese Eigenschaft aber soll nicht zu stark ausgeprägt werden, damit die Struktur in der Reihe der Seltenerdmetalle sich nicht ändert, da eine solche Änderung in der Regel durch unerwünschte Änderungen in der Stabilität der Komplexe begleitet wird, und zwar wird das Wachstum der Stabilität verlangsamt bzw. hört ganz auf. Die Stabilität kann sogar fallen, abgesehen von der Verringerung der ionischen Radien.

Ein solcher Standpunkt war nicht landläufig und es war für uns notwendig, eine Anzahl von Beweisen zu erlangen. Wir verfügen heutzutage über eine Anzahl von Strukturdaten, kernmagnetischen Resonanzspektren und weiteren Meßdaten, durch die die Richtigkeit der erwähnten Vorstellungen bewiesen werden konnte.

4. Verhalten der Seltenerdmetall-Komplexe im Laufe ihrer Trennung mittels der Ionen-Austauschchromatographie

Es hat sich erwiesen, daß es bei weitem nicht immer gelingt, bei der Trennung den Unterschied in der Stabilitätskonstante der benachbarten Seltenerdmetalle zu realisieren. Die Lage wird durch eine treppenartige Komplexbildung, durch ein gleichzeitiges Vorhandensein von mehreren Komplexen verschiedener Zusammensetzung in der Lösung, durch ein bewegliches Gleichgewicht zwischen diesen und durch ein unterschiedliches Verhalten der Komplexe zu den Ionenaustauschern komplizierter.

Wir haben bewiesen, daß unter reellen Bedingungen der Trennung von Makromengen der Seltenerdmetall-Gemische eine Nichtaustauschsorption der Komplexverbindungen öfters stattfindet, die bisweilen einen bestimmten Einfluß auf den Verlauf der Trennung ausübt [2]. Dieser Einfluß kann sowohl von thermodynamischer als auch von kinetischer Natur sein. Im Falle von niedrigzähligen Liganden ist zum Beispiel eine Umwandlung von einen Ionenaustauscher übergegangenen nicht austauschsorbierten Komplexe in ionenaustauschsorbierte Komplexe möglich. Schließlich wird die Art des Austauschgleichgewichtes zwischen dem Ionenaustauscher und der Lösung verändert und der hohe, für ein anderes Gleichgewicht berechnete Trennungskoeffizient wird nicht realisiert. Im Falle von mehrzähligen Liganden, wie dies von uns bereits bewiesen wurde, entstehen inerte Systeme als Folge einer räumlichen Schwierigkeit beim Austausch von Komplexen, durch welche die sphäroidalen Liganden koordiniert werden. Die Nichtaustauschsorption ergibt, wie es von uns bewiesen wurde, einen positiven kinetischen Effekt, als Folge einer Bildung in der Ionenaustauscher-Phase von Polykernkomplexen-Intermediaten, durch die der räumliche Austausch nicht mehr erschwert wird und durch die die Möglichkeit eines schnellen Austausches im System gewährleistet wird.

Eine weitere Möglichkeit zur Beschleunigung von Austauschprozessen hängt nicht mit der Nichtaustauschsorption in der Ionenaustauscher-Phase zusammen und läuft auf eine Beschleunigung von Austauschprozessen in der Lösung hinaus [7]. Im gegebenen Fall stellen die in der Lösung entstehenden Intermediate gemischte Ligandenkomplexe (bzw. höhere Komplexderivate nur eines Liganden) dar. In der Abbildung 7 wird eine Beschleunigung der Austauschprozesse anhand beider Verfahren sowohl in der Lösungsphase als auch in der Ionenaustauscherphase veranschaulicht. Die Kurven 1 und 4 in der Abb. 7 zeigen, wie wichtig es ist, in der Ionenaustauscher-Phase einen Polykernkomplex zu haben, durch den der Austausch beschleunigt werden kann. Die Yttrium-Seltenerdmetalle bilden derartige Komplexe nicht und tauschen daher langsam aus. Aus der Abb. 7 ist auch ersichtlich, daß durch die Einführung eines zusätzlichen Liganden (der Zitronensäure) in die Lösung die Geschwindigkeit einer Einstellung des Gleichgewichtes für Cer-Seltenerdmetalle (Kurve 2) nicht geändert wird, während diese für die Yttrium-Seltenerdmetalle stark erhöht wird (Kurve 3).

Dank einer Untersuchung des Mechanismus und der Kinetik der Austauschprozesse wurde es ermöglicht, eine Nichtidentität der optimalen Bedingungen zur Trennung bei der Arbeit mit Mikro- oder Makromengen der Seltenerdmetall-Gemische zu erklären. Es ist leicht zu beweisen, daß für Mikromengen der Seltenerdmetalle eine schnelle Kinetik wichtiger ist im Vergleich zur günstigen

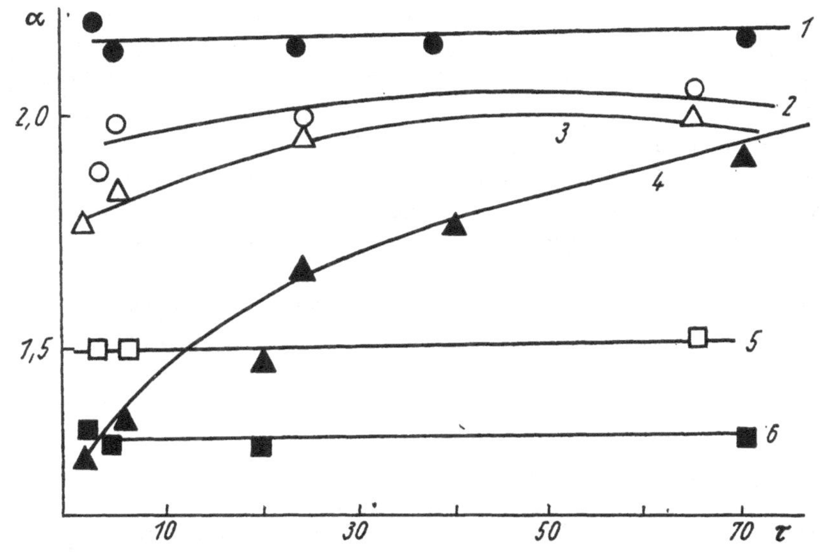

Abb. 7 Abhängigkeit der Trennungskoeffizienten von der Zeit der Einstellung des Gleichgewichtes im System Ln^{3+}-Complexon:

Ln^{3+} + EDTA

1 – Seltenerdmetalle der Cer-Gruppe (Nd/Pr)

4 – Seltenerdmetalle der Yttrium-Gruppe (Er/Ho)

EDTA mit Zusatz von Zitronensäure

2 – Seltenerdmetalle der Cer-Gruppe

3 – Seltenerdmetalle der Yttrium-Gruppe

Citronensäure

5 – Cer-Gruppe, 6 – Yttrium-Gruppe

Thermodynamik, daß sogar bei geringen Werten von Δ lg der Stabilitätskonstante (thermodynamischer Faktor) die Zonen der individuellen Seltenerdmetallen nach der Säule genügend weit zerstreut werden. Für Makromengen der zu trennenden Seltenerdmetalle ist es ebenfalls wichtig, eine günstige Austauschkinetik zu haben. Diese läßt sich bei instabilen Komplexen, zum Beispiel bei durch niedrigzählige Komplexone gebildeten Komplexen, nachweisen. Bei stabilen Komplexen läßt sich eine hohe Austauschgeschwindigkeit mittels Polykern-Intermediaten erreichen. Es sind aber auch größere Unterschiede in den Bedeutungen der Stabilitätskonstanten für benachbarte Elemente der Seltenerdmetall-Reihe notwendig, da die ausgedehnten Zonen der individuellen Seltenerdmetalle bei einem geringen Wert von Δ lg der Stabilitätskonstanten nur auf sehr langen Säulen zerstreut werden können.

Durch eine eingehende Untersuchung der Vorgänge bei der Komplexbildung, insbesondere bei der Trennung, wird es ermöglicht, wichtige Richtpunkte zur

Optimierung von praktisch wichtigen Industrieprozessen festzustellen. Durch eine systematische Untersuchung des Mechanismus der Komplexbildung wird es ermöglicht, gleichzeitig Daten zu ermitteln, die von theoretischem Wert sind, und unsere Kenntnisse über den Aufbau von Komplexen zu bereichern, die durch Metallione und mehrzählige Liganden gebildet wurden.

Unter der Verwendung von ermittelten Gesetzmäßigkeiten könnte man am halbquantitativen Niveau die Effektivität der Trennung von Seltenerdmetall-Gemischen unter Verwendung von neuen bzw. wenig untersuchten Liganden vorhersagen. Die Untersuchungen werden fortgesetzt unter der Zielsetzung, von halbquantitativer zu quantitativer Vorhersage der komplizierten Prozesse überzugehen, die bei der Trennung von Seltenerdmetallen anhand der Chromatographie vor sich gehen.

II. Trennung durch Extraktion

Zum Gegenstand unserer Untersuchungen wurde das Studium der physikalisch-chemischen Eigenschaften der *Extraktionssysteme*, um ihre Selektivität zu erhöhen [8, 9]. Wir haben unser Augenmerk extra auf Extraktionssysteme gerichtet, da ihre Selektivität verhältnismäßig oft mit der Zusammensetzung der wäßrigen Phase im größeren Grade als mit der Selektivität des Extraktionsmittels als solchem zusammenhängt. Im allgemeinen hängt die Selektivität des Extraktionssystems mit der Selektivität des anzuwendenden Extraktionsmittels, mit der Zusammensetzung der wäßrigen Phase, mit dem Vorhandensein eines zusätzlichen Reagens, zum Beispiel, eines Komplexons, zusammen.

1. Selektivität des Extraktionsmittels

Unter der Selektivität des Extraktionsmittels versteht man gewöhnlich Eigenschaften eines Zweiphasen-Systems, für welches allein der Begriff des Trennungskoeffizienten Sinn hat, welcher dem Verhältnis von zwei Werten der Trennungskoeffizienten (für jede von zwei Phasen) gleich ist. Als ein bestimmtes Maß der Selektivität kann der Unterschied in Bindungsenergien der Metalle mit Molekülen des Extraktionsmittels in den Fällen dienen, wenn es möglich ist, die energetischen Charakteristiken, zum Beispiel nach Spektraldaten, zu messen bzw. zu berechnen. In der Praxis kann die Selektivität des Extraktionsmittels der Selektivität des Extraktionssystems gleichgestellt werden, aber mit der Besonderheit, daß ein Vergleich zwischen der Selektivität verschiedener Extraktionsmittel unter streng gleichen Bedingungen angestellt wird.

Als eine Ausgangsposition wurden von uns als Minimum zwei konkurrierende Reagenzien-Extraktionsmittel und Wasser untersucht, es wurde aber auch die Reihenfolge der Änderung von Eigenschaften in der zu untersuchenden Reihe der zu trennenden Elemente berücksichtigt. Für die Seltenerdmetalle soll diese

Reihenfolge gerade und zunehmend sein, da für Lanthanide vorzugsweise eine ionische Bindung kennzeichnend ist [10] und die ionischen Radien der Lanthanide mit dem Wachstum der Ordnungszahl verringert werden. In diesem Fall wird in zwei verschiedenen Phasen die Richtung der Änderung der Bindungsfestigkeit gleich sein, die Selektivität wird folglich bei einer Erhöhung der Effektivität des Extraktionsmittels, welches über dem Hydratationsprozeß vorherrschen kann, in größerem Grade zutage treten. Für effektivere Extraktionsmittel, welche ein höheres Extraktionsvermögen aufweisen, ist die Trennungseffektivität höher.

So werden zum Beispiel in der Abb. 8.1 zum Vergleich Werte der Trennungskoeffizienten der Lanthanide in bezug auf Yttrium für drei Extraktionsmittel einer Reihe mit zunehmender Stärke – Tributylphosphat (TBP), Diisoamylmethylphosphonat (DAMP) und Trioktylphosphinoxid (TOPO) – angeführt.

Wie zu ersehen ist, läßt sich die höchste Selektivität an Trioktylphosphinoxid nachweisen, analoge Daten könnte man auch für weitere Klassen der

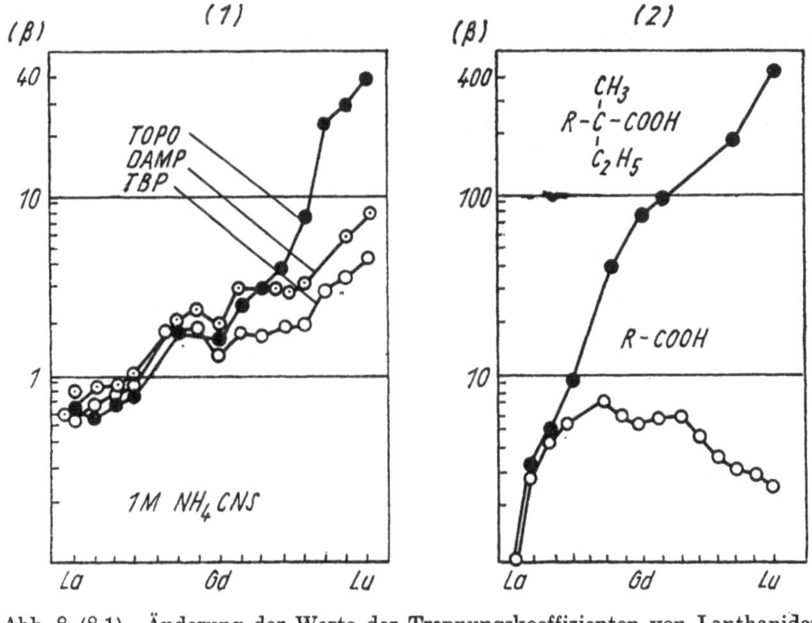

Abb. 8 (8.1) Änderung der Werte der Trennungskoeffizienten von Lanthaniden in bezug auf Yttrium bei der Extraktion mittels TBP, DAMP (50%) und TOPO (0,25M) aus der 100 g/l (nach Oxid) Seltenerdmetall-Chloride und 1 M. Ammoniumrhodanid haltigen wässerigen Lösungen.
(8.2.) Änderung der Werte der Trennungskoeffizienyen von Lanthaniden in bezug auf Lanthan bei der Extraktion mittels Naphthensäuren und der tertiären α-Methyl, α-Äthylkaprosäure

Extraktionsmittel anführen. Aus derselben Abbildung (8.2) ist ersichtlich, daß die tertiären Karbonsäuren, die eine höhere Effektivität aufweisen, gleichzeitig auch eine höhere Selektivität im Vergleich zu Naphthen- oder Karbonsäuren der Fettreihe aufweisen [11].

Zu einer Erhöhung der Selektivität trägt ebenfalls bei eine stärkere Verdrängung des konkurrierenden Wassers aus der inneren Sphäre der zu extrahierenden Metalle auf Kosten – zum Beispiel – einer Bildung von Chelatverbindungen. Aus der Abbildung (9.1.) ist zu ersehen, daß die Selektivität von Di-2-äthylhexylphosphorsäure (HDEHP) in dimerisierter Form im Petroleum, die das Vermögen hat, chelatartige Verbindungen mit Lanthaniden in Form von drei achtgliedrigen Ringen zu bilden, um vier Ordnungen höher ist im Vergleich zur Selektivität von Tributylphosphat unter vergleichbaren Bedingungen.

Es ist kennzeichnend, daß die Verwendung von zum Beispiel polaren Lösungsmitteln für Di-2-äthylhexylphosphorsäure, durch die die dimeren Moleküle und das entsprechende Chelat zerstört werden, eine Verringerung der Selektivität der Seltenerdmetall-Reihe um ca. das 30–40fache zur Folge hat.

Eine Erhöhung der Selektivität mit dem Wachstum der Stärke des Reagens ist ebenfalls für die Komplexbildung in wäßrigen Lösungen typisch. In der

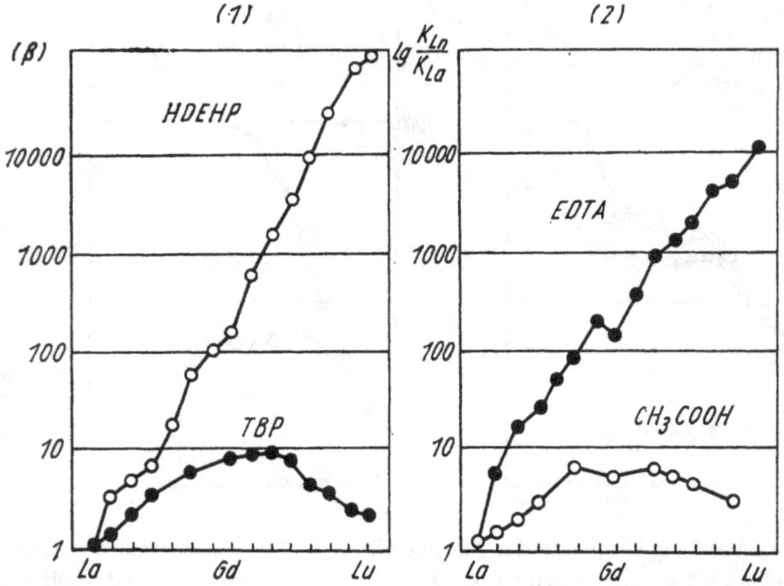

Abb. 9 (9.1.) Änderung der Werte der Trennungskoeffizienten von Lanthaniden in bezug auf das Extraktionssystem 1 M. Lösung von HDEHP im Dodekan – Mikromengen der Seltenerdmetall-Chloride.

(9.2.) Verhältnis der Konstanten der Komplexbildung von Lanthaniden in bezug auf Lanthan für Essigsäure und EDTA

Abb. (9.2) werden zum Vergleich die Verhältnisse der Konstanten der Komplexbildung von Lanthaniden mit der Essigsäure und der Äthylendiamintetraessigsäure angeführt. Auch in diesem Fall ist die Selektivität des Komplexones um drei Ordnungen höher.

Bei merklichen Konzentrationen der Lanthanidensalze sollen wir ebenfalls den konkurrierenden Prozeß ihrer Komplexbildung mit entsprechenden Anionen der Mineralsäuren berücksichtigen. In der Reihe der NO_3^-, Cl^-, ClO_4^--Anionen nehmen zum Beispiel die Koeffizientenwerte der Trennung von Samarium und Neodym von 6 bis zu 9 zu. Bei einer Verwendung von phosphororganischen Säure und bei einer Zunahme der Konzentration des Nitrat-Iones, soll man ebenfalls die Möglichkeit des Auftretens eines zweiten solvaten, in geringem Maße selektiven Extraktionsmechanismus in Betracht ziehen [12].

Die höchste Selektivität weisen somit in der Regel effektive Extraktionsmittel auf, die ein Vermögen besitzen, in die innere Sphäre des zu extrahierenden Metalls einzutreten, die Hydrathülle durch eine Solvathülle zu ersetzen und Chelatverbindungen zu bilden.

2. Einfluß der Zusammensetzung der wäßrigen Phase auf die Selektivität der Extraktionssysteme

Am vollständigsten läßt sich der Einfluß der Zusammensetzung der wäßrigen Phase am Beispiel der neutralen phosphororganischen Extraktionsmittel und der Nitratlösungen der Lanthanide verfolgen.

Es fällt im allgemeinen nicht schwer, zu beweisen, daß der Koeffizientenwert der Trennung von zwei benachbarten Lanthaniden mit dem Verhältnis der Extraktionskonstanten, der mittleren Aktivitätskoeffizienten der zu extrahierenden Salze in vierter Potenz zusammenhängt und dem Verhältnis der Aktivitätskoeffizienten der zu extrahierenden Solvate reziprok ist:

$$\beta = \frac{K_2}{K_1}\left(\frac{\gamma_2^{\pm}}{\gamma_1^{\pm}}\right)^4 \frac{\gamma_{c.1}}{\gamma_{c.2}}$$

Aus dieser Gleichung lassen sich mehrere Schlußfolgerungen ziehen:

1. Der Koeffizientenwert der Trennung soll mit einer Zunahme des Verhältnisses der Aktivitätskoeffizienten der Lanthanide wachsen. Wie bekannt, nimmt bei Lanthaniden das Verhältnis γ_2/γ_1 mit einer Erhöhung der Salzkonzentration in der wäßrigen Phase zu (Abb. 10.1).

2. Ebenso tritt der Unterschied in Koeffizientenwerten der Solvataktivitäten bei einer Sättigung des Extraktionsmittels stärker zutage. Da sie aber in den Wert (β) reziprok eingehen, so wird dadurch der Trennungseffekt verstärkt. Man kann somit zusätzlich sämtliche Thesen formulieren.

Um die Selektivität bei der Extraktion mittels neutralen Extraktionsmitteln zu erhöhen, ist eine vollständige Sättigung des Extraktionsmittels anzustreben, die konzentrierten Salzlösungen der zu extrahierenden Metalle zu verwenden und in die wäßrige Lösung Aussalzer-Salze weiterer Metalle, die sich schlechter extrahieren lassen und eine höhere Hydratationsenergie besitzen, einzuführen.

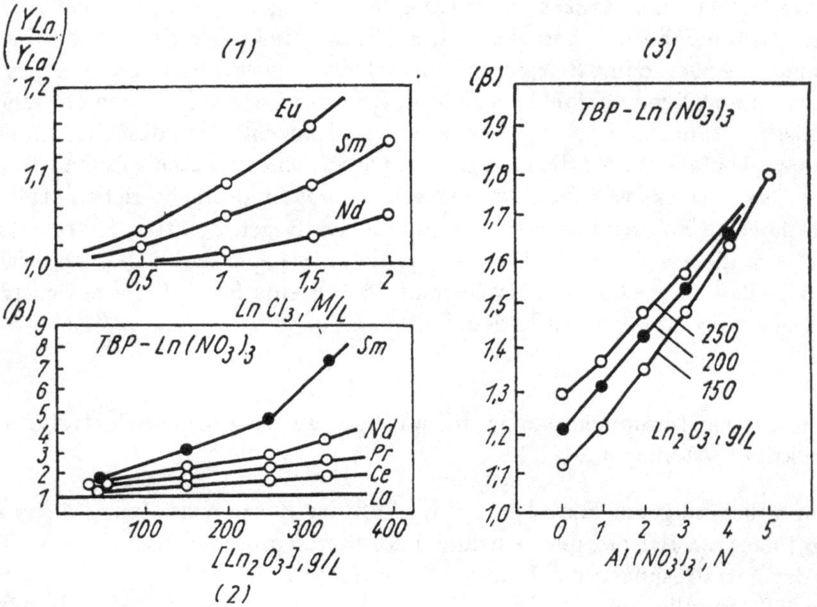

Abb. 10 Änderung der Werte der Aktivitäts- und Trennungskoeffizienten der Lanthanide in der Abhängigkeit von Konzentrationen der Seltenerdmetall-Nitrate und des Aussalzers in der wäßrigen Phase.
(10.1.) Verhältnis der Aktivitätskoeffizienten von Neodym, Samarium, Europium zum Aktivitätskoeffizienten von Lanthan.
(10.2.) Werte der Trennungskoeffizienten von Cer, Praseodym, Neodym, Samarium in bezug auf Lanthan für verschiedene Konzentrationen der Summe der Seltenerdmetalle.
(10.3.) Werte der Trennungskoeffizienten des Paars Neodym-Praseodym bei verschiedenen Konzentrationen der Seltenerdmetalle und des Aluminiumnitrates

In den Abbildungen 10.2 und 10.3 wird gezeigt, daß die Trennungskoeffizienten der Lanthanide mit einer Erhöhung der Konzentration der Lanthanidensalze und des Aussalzers tatsächlich zunehmen.

Aus diesen Daten ist insbesondere ersichtlich, wenn die Selektivität der effektiven sauren Extraktionsmittel vor allem von deren Selektivität abhängig ist, so ist der gesamte Trennungseffekt für neutrale Extraktionsmittel ausschließlich mit der wäßrigen Phase verbunden. Von ihrer Zusammensetzung ist abhängig, ob das Extraktionsmittel seine Selektivität an den Tag legen kann. (Bei niedrigen Konzentrationen der Salze kann Tributylphosphat weder extrahieren noch trennen).

Die Zusammensetzung der wäßrigen Phase übt jedoch auch auf die Selektivität der sauren Extraktionsmittel einen Einfluß aus, entweder wird diese verstärkt oder unterdrückt. Zum Beispiel wird der Bereich der pH-Werte bei einer Extraktion von Lanthaniden durch Thenoyltrifluorazeton (TTA) bei der Einführung von Lithiumnitrat in die wäßrige Phase allein durch die Änderung der Aktivitätskoeffizienten von Seltenerdmetallen um etwa das Zweifache erweitert. Um das Zweifache nimmt dementsprechend auch die Selektivität des Extraktionssystems zu (Abb. 11.1) [13].

Eine analoge Erhöhung der Selektivität von Karbonsäuren bei der Einführung von Aussalzern wird von uns in der praktischen Arbeit weit und breit verwendet (Abb. 11.2) [14].

3. Anwendung von Komplexonen zur Erhöhung der Stabilität in Extraktionssystemen

Es ist bekannt [15], daß sämtliche Komplexone, wie zum Beispiel die Äthylendiamintetraessigsäure (EDTA) und andere, die Seltenerdmetalle mit einer hohen Selektivität komplexieren, wobei öfters mit höherer, als allgemein bekannte

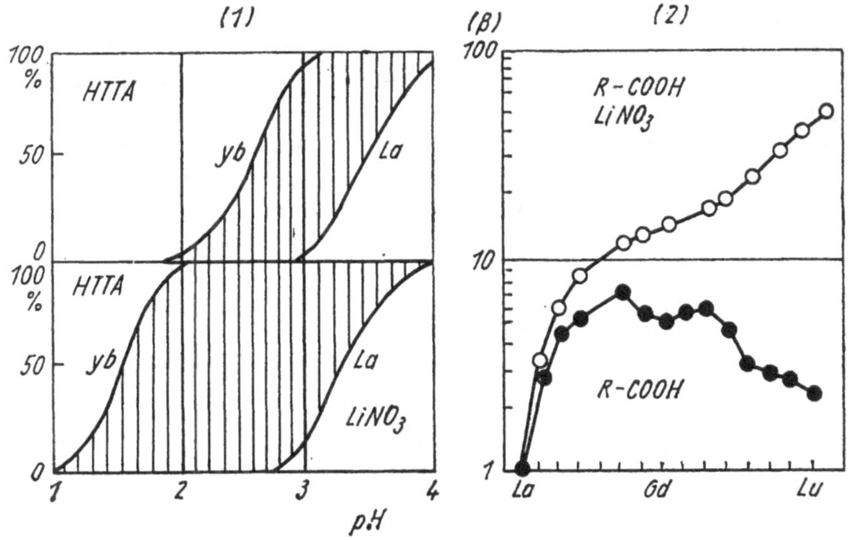

Abb. 11 (11.1.) Prozent der Extraktion von Mikromengen der Lanthanide mittels 0,5 M Lösung von Thenoyltrifluorazeton in Benzol je nach dem pH-Wert der wäßrigen Phase und dem Vorhandensein des Aussalzers (Lithiumnitrat, 6 Mol je Liter).
(11.2.) Werte der Trennungskoeffizienten von Lanthaniden bei der Extraktion mittels der Naphthensäure ohne Aussalzer und im 6 M Lithiumnitratlösung

Extraktionsmittel (TBP, Karbonsäuren, Amine u.a.m.). Eine ausschließliche Anwendung von Komplexonen im beliebigen nichtselektiven Extraktionssystem kann an und für sich einen hohen Effekt ergeben.

Eine erfolgreiche Anwendung von Komplexonen in Extraktionssystemen hängt mit der Erfüllung von sämtlichen Forderungen zusammen, von denen die wichtigste im folgenden besteht: im ausgewählten Extraktionssystem soll der Verlauf der Änderung von Werten der Verteilungskoeffizienten und der Konstanten der Komplexbildung je nach der Ordnungszahl des Elementes entgegengesetzt sein, da die zu trennenden Komponenten beim Ausbleiben des Komplexons nicht selektiv extrahiert werden sollen [16].

Die erste Art der Extraktionssysteme ist am effektivsten, da in diesem Fall der Wert des Trennungskoeffizienten im Grenzfall dem Produkt des Wertes des Trennungskoeffizienten für das gewählte Extraktionsmittel (S) und dem Verhältnis der Werte der Stabilitätskonstanten der zu trennenden Komponenten gleich ist:

$$\beta = S \cdot \frac{K_i + 1}{K_i}$$

Dieser maximale Wert des Trennungskoeffizienten kann nur bei einer hohen Komplexität der zu trennenden Komponenten in der wäßrigen Phase erreicht werden.

Vom praktischen Standpunkt aus ist es vorteilhafter, Komplexone zu verwenden, damit ihr vollständiges Aufnahmevermögen beim Überschuß an den zu trennenden Komponenten bei einem pH-Wert, durch welchen ein hoher Grad der Komplexbildung in der wäßrigen Phase vorliegt, ausgenutzt wird. Der Vorteil dieser Bedingungen besteht darin, daß dank diesen der Trennungsprozeß in einem breiten Bereich der pH-Werte ohne zusätzliche Schwierigkeiten, die bei der Stabilisierung von pH-Werten durch Pufferlösungen entstehen, verwirklicht werden kann.

Die letztere Forderung, die unbedingt einzuhalten ist, sind hohe Werte der Verteilungskoeffizienten der zu trennenden Komponenten für Extraktionsmittel, da nur in diesem Fall die Konzentration des nichtkomplexierten Teils der zu verteilenden Stoffe in der wäßrigen Phase gering sein wird.

In der Abb. 12 werden vier typische Extraktionssysteme auf der Basis der neutralen phosphororganischen Extraktionsmittel, Tributylphosphat, Trioktylphosphinoxid, der Karbonsäuren der Fettreihe, der Naphthensäuren und des Trioktylamins dargestellt, für die durch die Einführung der Komplexone die Selektivität der Extraktionssysteme um 2 bis 3 Ordnungen erhöht wird.

Dank der Untersuchung von physikalisch-chemischen Gesetzmäßigkeiten der Extraktion wurde es ermöglicht, eine Reihe der Forderungen an die Erhöhung der Selektivität der Grundklassen der Extraktionsmittel zu entwickeln und einen breiten Satz der selektiven Extraktionssysteme für eine praktische Verwendung in der Technologie der Seltenerdmetalle zu empfehlen.

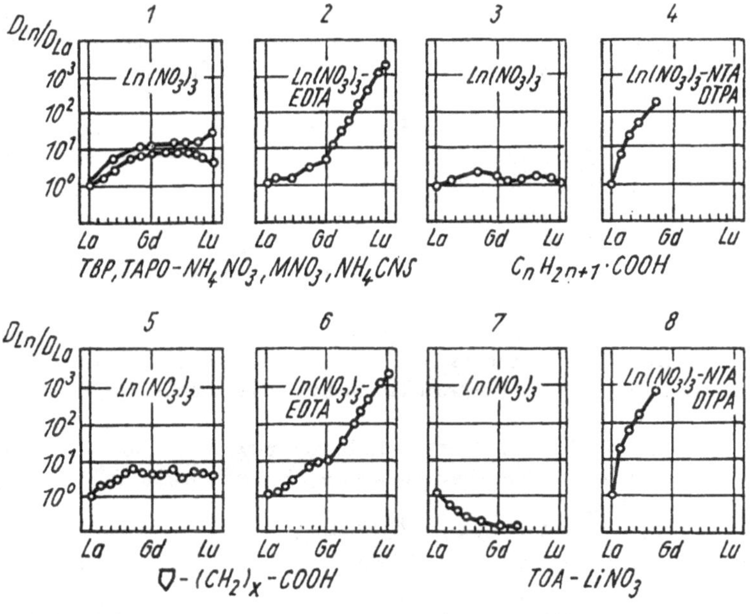

Abb. 12 Werte der Trennungskoeffizienten von Lanthaniden in bezug auf Lanthan für Extraktionssysteme auf der Basis von neutralen phosphororganischen Extraktionsmitteln, der Karbonsäuren, Trialkylamin und Komplexonen

Literatur

[1] Koordinationschemie der Seltenerdmetalle. Redakteure Vikt. I. Spitzin, L. I. Martjinenko. M. Verlag der Moskauer Staatlichen Universität, Teil 1 (1974), Teil II (1979) (russisch).

[2] Vikt. I. Spitzin, L. I. Martjienenko, Untersuchung der Eigenschaften von Komplexverbindungen der Seltenerdmetalle. Nachr. der Akademie der Wissenschaften der UdSSR, Reihe Chemie, 1974, No. 5, 979–996 (russisch).

[3] K. F. Beljaewa, M. A. Poray-Koschitz, N. D. Mitrofanowa, L. I. Martjinenko, Röntgen-Strukturuntersuchung von Nd (NTA) · $3H_2O$. Zeitschrift für Strukturchemie, **7**, 130 (1966) (russisch).

[4] N. D. Mitrofanowa, L. I. Martjinenko, A. I. Grigorjew, Nitryltriazetat-Hydrate der Seltenerdmetalle, in: Zeitschrift für anorganische Chemie, **9**, No. 2, 320–330 (1964) (russisch).

[5] Akhmed E. Elchiljali, L. I. Martjinenko, Vikt. I. Spitzin, Spektrographische Untersuchung von Neodym-α-alaninaten, in: Zeitschrift für anorganische Chemie, **15**, No. 12, 3232–3236 (1970) (russisch).

[6] N. P. Potapowa, L. I. Martjinenko, Vikt. I. Spitzin, Änderung des Aufbaus von Äthylendiamintetraazetaten in der Reihe der Seltenerdmetalle, in: Zeitschrift für anorganische Chemie, **17**, 98–104 (1972) (russisch).

[7] L. I. Martjinenko, Vikt. I. Spitzin, Einfluß der kinetischen Eigentümlichkeiten, der Komplexonate der Seltenerdmetalle auf den Mechanismus der Ionen-Austausch-Trennung, in: Probleme der Kinetik und Katalyse. Verlag des Chemischen Technologischen Institutes zu Ivanov, No. 2, 1974, S. 1–14 (russisch).
[8] G. W. Korpussow, E. N. Patruschewa, Extraktionsmethoden der Trennung von Seltenerdmetallen, in: Seltenerdmetalle. Verlag der Akademie der Wissenschaften der UdSSR, Moskau 1963, S. 195–210 (russisch).
[9] G. W. Korpussow, Chemie der langlebenden Splitterelemente, in: Seltenerdmetalle. Atomisdat, Moskau, 1970, Kapitel 4. S. 111–179 (russisch).
[10] K. B. Jazimirsky u. a., Chemie der Komplexverbindungen der Seltenerdmetalle. Kiew, Naukowa dumka, 1966 (russisch).
[11] N. A. Danilow, G. W. Korpussow, Ju. S. Krjilow Gesetzmäßigkeiten der Verteilung von Gemischen der Seltenerdmetalle bei der Extraktion mittels verschiedener Karbonsäuren. Nachrichten der Hochschulen. Nichteisenmetallurgie, No. 5, 103–108 (1974) (russisch).
[12] E. N. Patruschewa, G. W. Korpussow, N. E. Breshnewa, Extraktion von Seltenerdmetallen durch phosphororganische Verbindungen. Radiochemie, **2**, No. 5, 541–548 (1960) (russisch).
[13] G. W. Korpussow, G. W. Zigankowa, E. W. Gorjatschewa, Extraktion von Lanthaniden mittels TTA und seiner Lösungen in TBP. Nichtmetalle, No. 7, S. 63–65 (1964) (russisch).
[14] G. W. Korpussow, N. A. Danilow, W. Ja. Schwarzmann, Ju. S. Krilow, Gesetzmäßigkeiten der Extraktion von Seltenerdmetallen mittels Naphthensäuren. Radiochemie, **17**, No. 3, 356–362 (1975) (russisch).
[15] Vikt. I. Spitzin, G. W. Korpussow, Einige Besonderheiten der Komplexbildung von Seltenerd- und Alkalierdmetalle in Extraktionssystemen, in: Werke des III. Symposiums zu spezifischen Wechselwirkungen zwischen Molekülen oder Ionen. Wroclaw-Karpacz Polen (1976).
[16] G. W. Korpussow, E. N. Patruschewa u. a., Anwendung von komplexbildenden Reagenzien in Extraktionsprozessen zur Trennung von Seltenerdelementen, in: Seltenerdmetalle, Verlag der Akademie der Wissenschaften der UdSSR, Moskau, 1963, S. 224–230 (russisch).

M. Balarin

Zur quantitativen kinetischen Analyse nichtisothermer und isothermer Reaktionen

Hochverehrter Herr Professor Thiessen!
Herr Präsident, werte Anwesende!

Im Jahre 1962 hatten wir das große Vergnügen, im Kolloquium bei Prof. THIESSEN im Institut für Physikalische Chemie vortragen zu dürfen über dadamalige Probleme der Strahlenwirkung und vor allem auch über die Reaktion von Strahlenschäden in Festkörpern. Sie regten uns an, diese Arbeiten unbedingt weiterzuführen und vor allem auch zu versuchen, immer etwas generelle Lösungen ins Auge zu fassen.

Ich möchte heute einen bescheidenen Beitrag in dieser Richtung, die Sie, Herr Professor THIESSEN, damals mit stimuliert haben, darlegen.

In dem Vortrag sollen verbesserte Möglichkeiten zur quantitativen Analyse von chemischen und physikalischen Reaktionen aufgezeigt werden. Zur Einstimmung benützen wir die schematische Abb. 1. Man kann den Reaktionsfortschritt sowohl an dem jeweils erreichten Zustand als auch durch die Geschwindigkeit der Reaktion verfolgen; bei der sogen. dynamischen Prozeßführung (mit konstanter Aufheizgeschwindigkeit $q = dT/dt = \text{const}$) ergeben sich dabei innerhalb *relativ eng begrenzter* Temperatur-Zeit-Intervalle *typische Stufen* bzw. *Peaks*. Häufig werden auch heute noch derartige Kurven nur als ein *qualitatives Abbild* der untersuchten Reaktionen veröffentlicht.

Eine besondere Sammlung der genauesten Messungen (s. Beispiel: Abb. 2) wurde von LIPTAY herausgegeben in bereits 5 Bänden des „Atlas Thermoanalytischer Kurven“ [1] und steht damit für Vergleichs- und Eichzwecke zur Verfügung. Auch hier wird leider nicht versucht, diese Kurven *quantitativ auszuwerten*. Im folgenden wird deshalb ein entsprechender Vorschlag unterbreitet werden.

Aus der Abb. 2 ist u.a. ersichtlich, daß die Aufheizgeschwindigkeit als eine wählbare experimentelle Bedingung das Ergebnis beeinflußt. Dieser Einfluß ist aber gesetzmäßig. Viele weitere, auch von Labor zu Labor unterschiedliche Einflüsse wirken sich aus, so daß bei Vergleichen für ein und dieselbe Substanz entsprechende Kurven eine unterschiedliche Temperaturlage, verschiedene relative Intensitäten und teilweise abweichende Form und Spektren aufweisen.

Deshalb sollte es naheliegen, anstelle solcher Atlanten – oder zu ihrer Ergänzung – lieber nach *objektiven Prozeßparametern* zu suchen.

Im folgenden möchte ich mich heute auf die Betrachtung der Geschwindigkeits-Peaks beschränken, wie sie z. B. von DTA-Messungen bekannt sind.

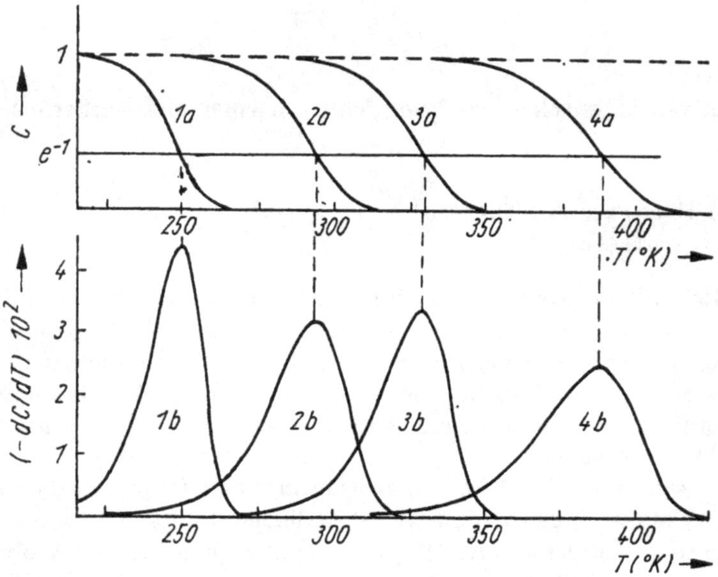

Abb. 1 Integrale $C(T)$- und differentielle-$\frac{dC}{dT}$-Meßkurven für thermisch-aktivierte monomolekulare Reaktionen [3]; im Prinzip ist eine gegenseitige Umrechnung möglich, sie wird praktisch aber erschwert durch Meßwertschwankungen, apparative Drift und bei diskontinuierlichem Messen.

Kurven 1 + 2: $E = 0{,}6$ eV;
Kurven 3 + 4: $0{,}8$ eV;
Kurven 1 + 3: $K_0/q = 1{,}4 \cdot 10^{11}\, K^{-1}$;
Kurven 2 + 4: $K_0/q = 1{,}4 \cdot 10^9\, K^{-1}$

Gleichartige Peaks sind in der Physik häufig registriert worden, z. B. bei der Thermolumineszenz und der Exoelektronenemission, und in den letzten Jahren haben sie ganz intensiv eine neue Bedeutung erlangt bei der Spektroskopie tiefer Haftstellen in Injektionslasern und in Gateisolatoren.

Betrachten wir alle diese Erscheinungen als *eine* mathematische Aufgabe, so tritt überall fast das *gleiche Differentialgleichungsproblem* auf. Es ist er-

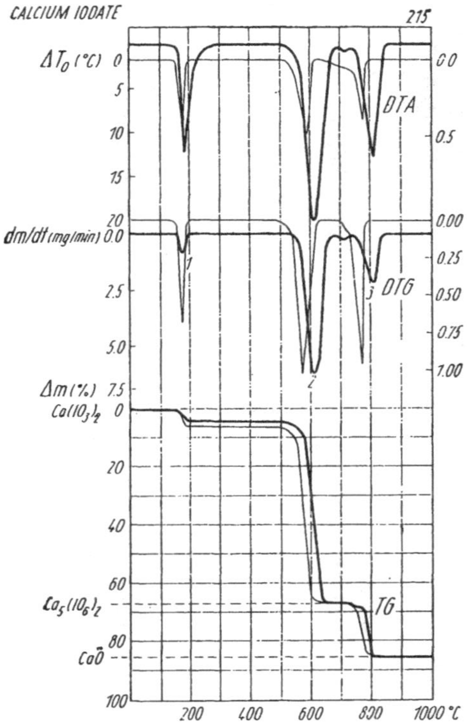

Abb. 2 Qualitative Darstellung der Zersetzung von $Ca(JO_3)_2$ – Beispiel aus „Atlas of thermoanalytical curves", herausgegeben von G. LIPTAY [1], mit charakteristischen Angaben über Versuchsbedingungen und chemischen Reaktionsvorgang; diese Darstellung sollte durch Daten zur quantitativen Auswertung ergänzt werden (Vgl. Abb. 8!)

Calcium iodate*)

Mol. weight: 389.89

	I.	II.
Weight of sample:	55.6 mg	500.1 mg
Heating rate:	3°C/min	10°C/min
Atmosphere:	air, static	air, static
Reference material:	α-Al_2O_3	α-Al_2O_3
Crucible:	platinum	platinum
Sensitivity TG:	50 mg	500 mg
DTG:	1/1	1/10
DTA:	1/1	1/5

Notes

* Prepared from an aqueous solution of $Ca(NO_3)_2$ by means of dilute $NaIO_3$ solution

1. Loss of water
2. $5Ca(IO_3)_2 = Ca_5(IO_6)_2 + 4I + 9O_2$ (Rammelsberg reaction, see Refs)
3. $2Ca_5(IO_6)_2 = 10CaO + 2I_2 + 7O_2$

References

1. Cs. Varhelyi, E. Kékedy, Stud. Univ. Babes-Bolyai, Ser. Chem. 7 (1962) 11
2. C. Duval, Inorganic Thermogravimetrical Analysis, Elsevier Publishing Company, Amsterdam–New York–London, 1963
3. C. Rammelsberg, Pogg. Ann. 137 (1869) 309

Measured with a Derivatograph (MOM) in a crucible No. 2 (see Appendix 1) by Cs. VARHELYI, Babes-Bolyai University, Department of Inorganic Chemistry, Cluj, Romania and G. LIPTAY, Technical University, Budapest

staunlich, daß bis heute die Autoren in der Physik und in der Chemie sich trotzdem gegenseitig nicht zitieren. In der Fachliteratur gibt es gewissermaßen zwei vollkommen getrennte Stammbäume (Physik: URBACH, VAND, RANDALL-WILKINS, GARLICK-GIBSON, GROSSWEINER, LUSHCHIK, KEATING;
Chemie: MURRAY-WHITE, KISSINGER, DOYLE, BORCHARDT-DANIELS, CARROL-FREEMAN, COATS-REDFERN).

Einen solchen Graben zu überspringen – auch dazu hat uns Prof. THIESSEN durch sein Vorbild immer wieder angeregt – möchte ich bei diesem Festkolloquium beitragen.

Asymmetrie der Geschwindigkeits-Peaks und Kinetikordnung

Wir alle wissen aus Erfahrung, daß die Form der Peak-Kurven charakteristisch ist für die Kinetikordnung (im folgenden oft $n = \gamma$) einer Reaktion. In einem ersten quantifizierten Versuch hat KISSINGER [2] eine Beziehung für den *Formfaktor*, der das Verhältnis zwischen der Hochtemperaturseite und der Niedertemperaturseite ausdrücken soll, mit

$$S = 0{,}63 \cdot n^2 \tag{1}$$

aufgestellt. Er hatte dazu einige Peak-Kurven rechnerisch simuliert und die dabei gefundene Asymmetrie verglichen. Diese damals von KISSINGER angegebene Formel ist zu einfach und für $\gamma \geq 1{,}5$ sogar unrichtig. Seine simulierten Kurven wurden mit gewissen Vernachlässigungen ermittelt, was man heute genauer tun kann [3]. Aber KISSINGERS Formel wurde benutzt, obwohl jedermann bekannt war, daß zum Beispiel bei einer bimolekularen Reaktion gewissermaßen der symmetrischste Peak auftritt, KISSINGERS Formel jedoch einen mehr als doppelt so hohen Wert liefert. Der Vollständigkeit halber wegen muß erwähnt werden, daß KISSINGER selbst keine Schuld trifft. Er hat praktisch nur Probefälle für $\gamma \leq$ errechnet, und für diesen Bereich stimmt die Formel hinreichend. Aber jede von anderen Autoren vorgenommene Extrapolation war falsch. Wenn auch in heutigen Veröffentlichungen bei zunächst unbekannter Kinetikordnung die KISSINGER-Formel noch benutzt wird, dann handelt man sich grundsätzlich Fehler für alle später auszuwertenden Aktivierungsparameter ein (außer bei $\gamma \simeq 1$).

Welche weiteren Größen interessieren außerdem? Dazu können wir als Ausgangsgleichung eine typische thermo-aktivierte Ratengleichung betrachten:

$$-\frac{dC}{dt} = C^{\gamma} \quad K_0 \quad e^{-E/kT}; \; C_0 = C(t_0) \tag{2}$$

Wir werden immer wieder finden, daß die kursiv geschriebenen Größen wichtig sind; die Lösung $C\,(T, t, E, K_0, \gamma; C_0)$ also auch von 6 Parametern abhängen muß. Davon sind zwei, nämlich Temperatur T und Zeit t, als experi-

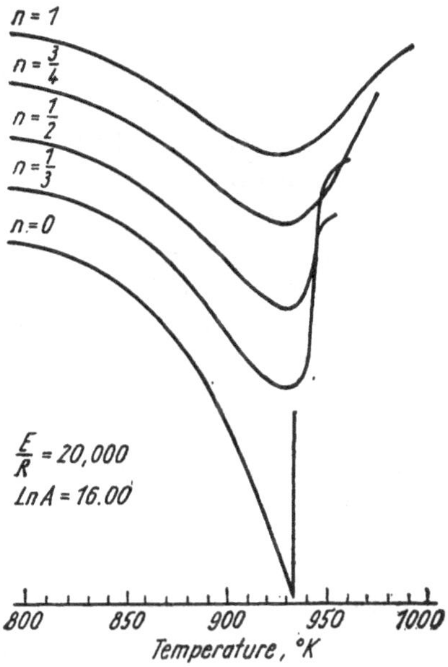

Abb. 3a Figure 1. Effect of order of reaction on plots of reactionrate vs. temperature for constant heating rate, frequency factor, and activation energy

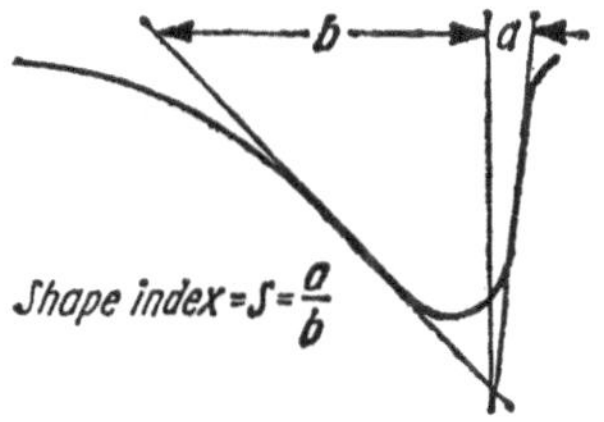

Abb. 3b Figure 2. Method for measuring amount of asymmetry in an endothermic differential thermal analysis peak

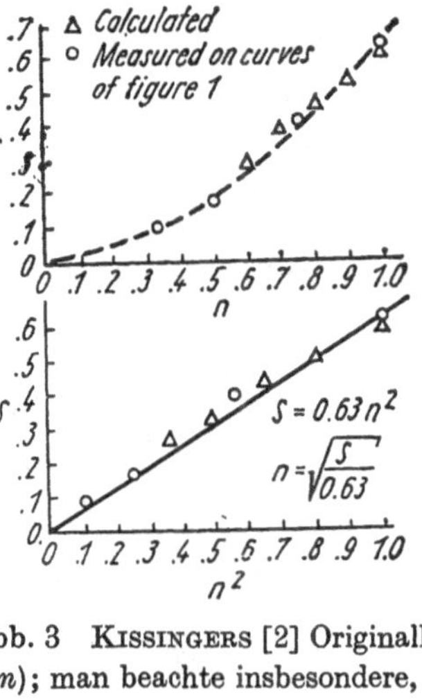

Abb. 3c Figure 3. Values of shape index S plotted as functions of n and n^2

Abb. 3 Kissingers [2] Originalkurven zur Erklärung und Ableitung seines Formfaktors $S(n)$; man beachte insbesondere, daß keine Werte mit $n > 1$ verwendet wurden

mentelle Bedingungen gegeben; den Prozeß charakterisieren neben der Kinetikordnung die Aktivierungsenergie E und der vorexponentielle Frequenzfaktor K_0; häufig ist auch die absolute Anfangskonzentration C_0 wichtig.

Üblicherweise wird diese Gleichung integriert unter bestimmten Annahmen für die Konstanz bzw. Abhängigkeit der Aktivierungsparameter von den experimentellen Bedingungen, inclusive die Aufheizgeschwindigkeit und der Konzentration. Man rechnet entweder ganze Tabellen aus mit einem mehr oder weniger breiten Parametersatz (E, K_0, γ) oder sucht mit der trial-and-error-Methode nach einer brauchbaren Anpassung an einen experimentell erhaltenen Kurvenverlauf. Natürlich gibt es eine Reihe rationeller Rechenwege für kinetische Vorgänge, insbesondere über ihr asymptotisches Verhalten und über den Trendeinfluß durch die einzelnen Parameter. Da die verschiedenen Parameter aber teilweise den Trendverlauf auch gegenläufig beeinflussen und da in der Praxis oft mehrere Prozesse gleichzeitig auftreten (Abb. 4a), die sich nicht immer genügend auflösen lassen, soll mit dem Sprichwort gesagt werden: in dem Moment, in dem man anfängt, die Gleichung zu lösen, sieht man den Wald vor Bäumen nicht mehr. Es soll deshalb eher versucht werden, die Zahl der sechs unabhängigen Parameter auf eine natürliche Weise zu *reduzieren*, und zwar dadurch, daß objektiv „beobachtbare" Größen dafür substituiert werden.

Als solche Größen bieten sich an: die *Temperaturlage* $\overline{T}$ des Peakmaximums und die *Halbwertsbreite* $\delta \equiv T_2 - T_1$ des Peaks (Abb. 4b). Dazu ist noch zu zeigen, daß auch mathematisch diese Daten aus der Ausgangsgleichung (2) erhalten werden können. Es wird zu sehen sein, daß recht einfache Korrelationen zwischen der Aktivierungsenergie und diesen Größen bestehen. Um eine weitere Unabhängige ist die Aufgabe dadurch reduziert, daß durch die gewählte zeitlineare Aufheizung T und t nicht mehr unabhängig voneinander sind (auch wenn dafür im Prinzip $q = \text{const}$ als neuer Parameter auftritt, aber nur im Quotienten K_0/q). Mit den *drei experimentellen Punkten* T_1, $\overline{T}$ und T_2 haben wir außerdem ein Maß für die *Asymmetrie* $A = \dfrac{T_2 - \overline{T}}{\overline{T} - T_1}$, die mit dem Parameter für die Kinetikordnung zu verknüpfen ist. Wir werden dazu kommen, daß die schon angedeuteten Korrelationen benutzt werden können, um eine sinnvolle *Verteilungsfunktion* für beliebige Peaks in Abhängigkeit von den „beobachtbaren" Daten: Temperaturlage und Halbwertsbreite zu schreiben.

In diesem Vortrag soll nur das Herangehen aufgezeigt werden (genauer s. [4, 5]). Es genügt zunächst – ohne den Versuch einer Lösung von (2) – folgende Überlegung: Wenn die Gl. (2) allgemein gilt, dann gilt sie auch im Peakmaximum, d.h.:

$$-\frac{\overline{dC}}{dT} = \overline{C^{\gamma}} \cdot \frac{K_0}{q} \quad e^{-E/k\overline{T}} \tag{3}$$

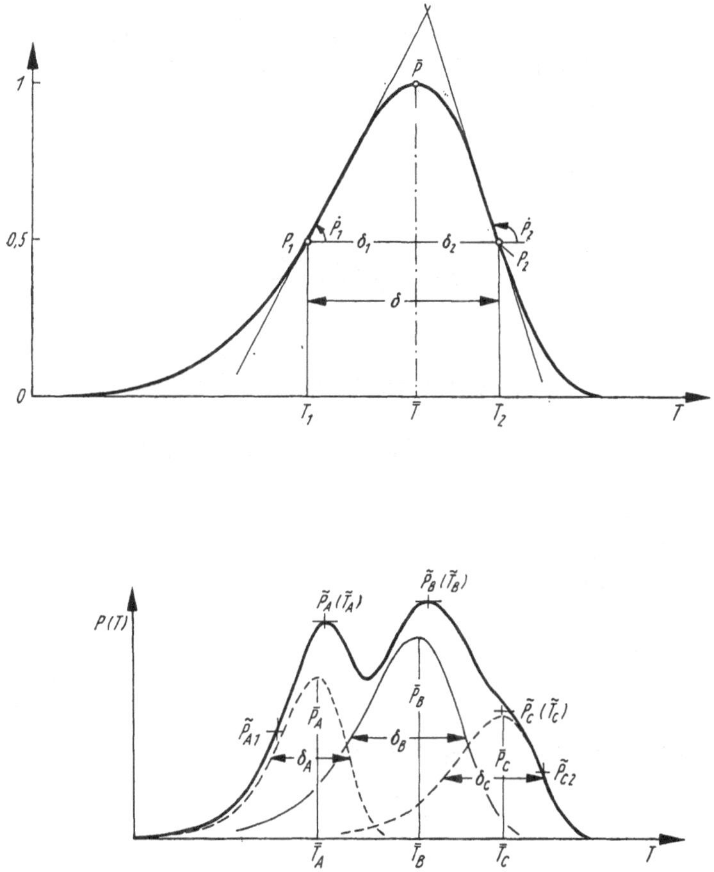

Abb. 4 unten – Spektrum aus überlagerten monomolekularen Peaks; durch die Überlagerung sind die Peaklagen und Intensitäten leicht verfälscht, z. B. $T_A \gtrsim \overline{T}_A$, $\tilde{P}_A > \overline{P}_A$ usw.
oben – Monomolekularer normierter Peak und wichtige Punkte für die mathematische Behandlung: T_1, $\overline{T}$, T_2, δ_1, δ_2, $\delta = \delta_1 + \delta_2$

Dann stellt eine relativierte Größe

$$P\,(T;\,\overline{T}, E, \gamma) \equiv \frac{-dC/dT}{-dC/dT|_{\overline{T}}} = \left(\frac{C(T)}{\overline{C}}\right)^{\gamma} \cdot e^{\frac{E}{k\overline{T}}\left(1-\frac{\overline{T}}{T}\right)} \tag{4}$$

eine *Normierung der Peak-Kurve* auf ihr Maximum dar; diese ist explizit nicht mehr vom Frequenzfaktor und von der Aufheizgeschwindigkeit abhängig. Weiterhin geht die Aktivierungsenergie nur bezogen auf $k\overline{T}$ ein und die Temperatur

T nur relativiert zu $\overline{T}$. An dieser Stelle sei – wegen der Kürze ohne Beweis – behauptet, daß auch der Quotient $C(T)/\overline{C}$ nur von γ, $\overline{y} \equiv k\overline{T}/E$ und $\vartheta \equiv T/\overline{T}$ abhängt. Das alles bedeutet, daß die Zahl der noch freien unabhängigen Variablen schon stark eingeschränkt ist.

Der explizite Ausdruck für einen Fall $\gamma \neq 1$, $\gamma \neq 0$ lautet

$$P^{(\gamma)} = \left[\frac{\gamma}{\gamma - (\gamma - 1)\,\overline{\eta} + (\gamma - 1)\,\eta \cdot \vartheta^2 \cdot \exp\left(\frac{1 - 1/\vartheta}{\overline{y}}\right)}\right]^{\frac{\gamma}{\gamma - 1}} \cdot e^{\frac{1 - 1/\vartheta}{\overline{y}}} \tag{5}$$

mit

$$\vartheta \equiv T/\overline{T} = 1 + y \cdot D(y) \text{ – relative Temperatur;}$$

$$y \equiv kT/E \sim \frac{1}{15} \dots \frac{1}{50} \ll 1 \text{ (vorteilhaft für Konvergenz!)}$$

$$\eta(y) = 1 - 2y + 6y^2 - 24y^2 + \cdots \lesssim 1.$$

Um den Kurvenverlauf *in der Umgebung des Maximums* zu betrachten, entwickelt man (5) nahe von $\overline{T}$:

$$P^{(\gamma)} = \exp\left\{\frac{\vartheta - 1}{\overline{y}\;\vartheta} - \frac{\gamma}{\gamma - 1} \cdot \ln\left[1 + \frac{\gamma - 1}{\gamma}\left(\vartheta^2 \cdot \exp\frac{\vartheta - 1}{\overline{y} \cdot \vartheta} - 1\right) + 0(y)\right]\right\} \tag{5'}$$

und wegen der Übersichtlichkeit mit der Substitution:

$$f \equiv \frac{\vartheta - 1}{\overline{y}\;\vartheta} = \frac{D(y)}{1 + y \cdot D} \sim (T - \overline{T}) \tag{6}$$

$$P^{(\gamma)} = \exp\left\{-\frac{f^2}{2\gamma}\left[1 + \frac{2 - \gamma}{3\gamma} \cdot f + \frac{\gamma^2 - 6\gamma + 6}{12\,\gamma^2} f^2 + 0(y)\right]\right\} \tag{5''}$$

Direkt am Maximum ($f \ll 1$) dominiert eine typische Glockenkurve, alle in f geraden Terme bringen einen symmetrischen Verlauf. Mit wachsender Entfernung vom Maximum wird durch den 2. Term in (5'') ein *anharmonischer* Verlauf ausgeprägt, der allerdings gerade bei $\gamma = 2$ unwirksam bleibt; für $\gamma < 2$ erfolgt ein schnellerer Abfall für positives f und umgekehrt.

Es wäre nun möglich, für verschiedene γ die zugehörige Asymmetrie direkt anzugeben. Auch dieser Weg soll hier nur angedeutet werden. Zu den beiden Halbhöhen-Temperaturen $T_1 < \overline{T}$ und $T_2 > \overline{T}$ definiert man: $i = 1$ und 2;

$$P_i^{(\gamma)}\,(\vartheta_i^{(\gamma)}) \equiv \frac{1}{2}\,\overline{P} = \frac{1}{2} \tag{7}$$

Für jedes fixierte γ kann die Lösung $\vartheta_i^{(\gamma)}$ auch nur noch von $\overline{y}$ abhängen, da die Gln. (5) und (7) selbst auch nur diese Größe enthalten. Und da ϑ_i in der

Nähe des Maximums $\overline{\vartheta} = 1$ zu suchen ist, bietet sich folgende *Polynomdarstellung* an:

$$\vartheta_i^{(\gamma)} = 1 + a_i^{(\gamma)} \ \overline{y} + b_i^{(\gamma)} \ \overline{y}^2 + \cdots \tag{8}$$

deren Koeffizienten aus (7) bestimmt werden (Ergebnis s. Tab. 1 [5]).

Mit diesen $\vartheta_1^{(\gamma)}$ und $\vartheta_2^{(\gamma)}$ gelingt es, alle weiteren interessierenden Größen zu bilden, z.B. die relative Halbwertsbreite

$$\frac{\delta^{(\gamma)}}{\overline{T}} = \frac{\delta_2^{(\gamma)} + \delta_1^{(\gamma)}}{\overline{T}} =: \vartheta_2 - \vartheta_1 = (a_2^{(\gamma)} - a_1^{(\gamma)})\,\overline{y} + (b_2^{(\gamma)} - b_1^{(\gamma)}) \cdot \overline{y}^{-2} + \tag{9}$$

und die Asymmetrie

$$A^{(\gamma)} = \frac{\delta_2^{(\gamma)}}{\delta_1^{(\gamma)}} = \frac{\vartheta_2 - 1}{1 - \vartheta_1} = -\frac{a_2^{(\gamma)}}{a_1^{(\gamma)}} \left\{ 1 + \left(\frac{b_2}{a_2} - \frac{b_1}{a_1} \right) \overline{y} + \ldots \right\} \tag{10}$$

d.h. für jede Kinetikordnung ergibt sich eine praktisch schon durch die ersten Koeffizienten $a_1^{(\gamma)}$ und $a_2^{(\gamma)}$ bestimmte Asymmetrie.

Kehren wir nochmals zurück zur Kritik an Kissingers Formel für den Formfaktor. Die jetzt aus den Halbwertsbreiten erhaltenen Werte für die Asymmetrie lassen sich in einem Bereich $\gamma = \frac{1}{3} \ldots 3$ gut *approximieren* durch:

$$A^{(\gamma)} \cong 0.72 \cdot \gamma^{0.6} \tag{11}$$

bzw.

$$\gamma \cong 1.73 \cdot A^{1.67} \tag{11'}$$

Eine andere Auswertungsmöglichkeit besteht darin, die Reaktionsanteile nach dem Maximum mit denen vor dem Maximum zu vergleichen [6, 7]. Man erhält ein sehr ähnliches Ergebnis

$$\overline{A}^{(\gamma)} \equiv \frac{\int_{\overline{T}}^{\infty} \left(\frac{dC}{dT} \right) \cdot dT}{\int_0^{\overline{T}} \left(\frac{dC}{dT} \right) \cdot dT} = \frac{\overline{C^{(\gamma)}}}{1 - \overline{C}^{(\gamma)}} \simeq 0.65 \cdot \gamma^{0.85} \tag{12}$$

bzw.

$$\overline{\gamma} \simeq 1.66 \quad \overline{A}^{1.2} \tag{12'}$$

(s. Abb. 5). Der Unterschied ist erklärlich und ist bedingt durch die Berücksichtigung des vollständigen Kurvenverlaufs im Fuß des Peaks. Beide Formeln für A und $\overline{A}$ geben jedoch eine wesentlich geringere Abhängigkeit von der Kinetikordnung wieder als die Kissinger-Formel. Nur für $\gamma = 1$ geben alle Formeln unter Beachtung der leicht unterschiedlichen Definitionen ein übereinstimmendes Urteil, nämlich $S^{(1)} \simeq A^{(1)} \simeq \overline{A}^{(1)} \approx 0.7$.

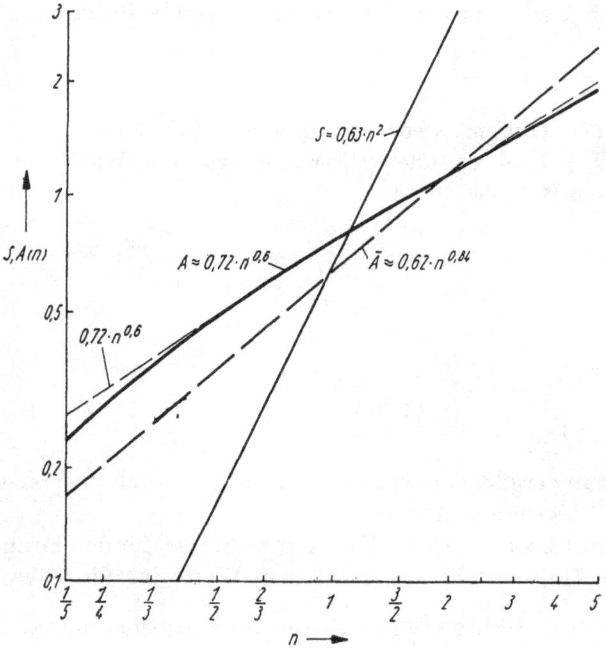

Abb. 5 Kissingers Formfaktor S und Asymmetrie-Beziehungen A und $\bar{A}$ in Abhängigkeit von der Kinetikordnung ($\gamma = n$)

Halbwertsbreite und Aktivierungsenergie

Aus (9) folgt naheliegend

$$\varkappa^{(\gamma)} \equiv \frac{E \quad \delta^{(\gamma)}}{k\overline{T}^2} = (a_2^{(\gamma)} - a_1^{(\gamma)}) + (b_2^{(\gamma)} - b_1^{(\gamma)}) \cdot \bar{y} + \dots \tag{13}$$

d.h. das Produkt aus Energie und Halbwertsbreite ist nahezu invariant gegenüber $\bar{y}$. Wenn eine sehr hohe Genauigkeit erwünscht ist, kann man mit den bekannten Termen $(b_2 - b_1)\,\bar{y}$ usw. korrigieren.

Im Experiment dürfte heute in der Regel die Genauigkeit für δ kaum ein Prozent wesentlich übertreffen. Entsprechend sind die Zahlenfaktoren $a_i^{(\gamma)}$, $b_i^{(\gamma)}, \dots$ mit *sinnvoller Genauigkeit* zu ermitteln. Die Theorie kann eine hinreichend genaue Lösung garantieren.

Mit der einfachen und direkten Beziehung (13) kann man weiterhin ein *Nomogramm* bilden, aus dem die Aktivierungsenergie E[eV] praktisch ohne jede Rechnung sofort mit Hilfe von experimentellen Werten für $\overline{T}$ und δ abgelesen werden kann (Abb. 6). Ursprüglich wurde ein solches Nomogramm nur für die Hauptfälle $\gamma = 1$ und $\gamma = 2$ publiziert [4], und dabei noch in einer vereinfach-

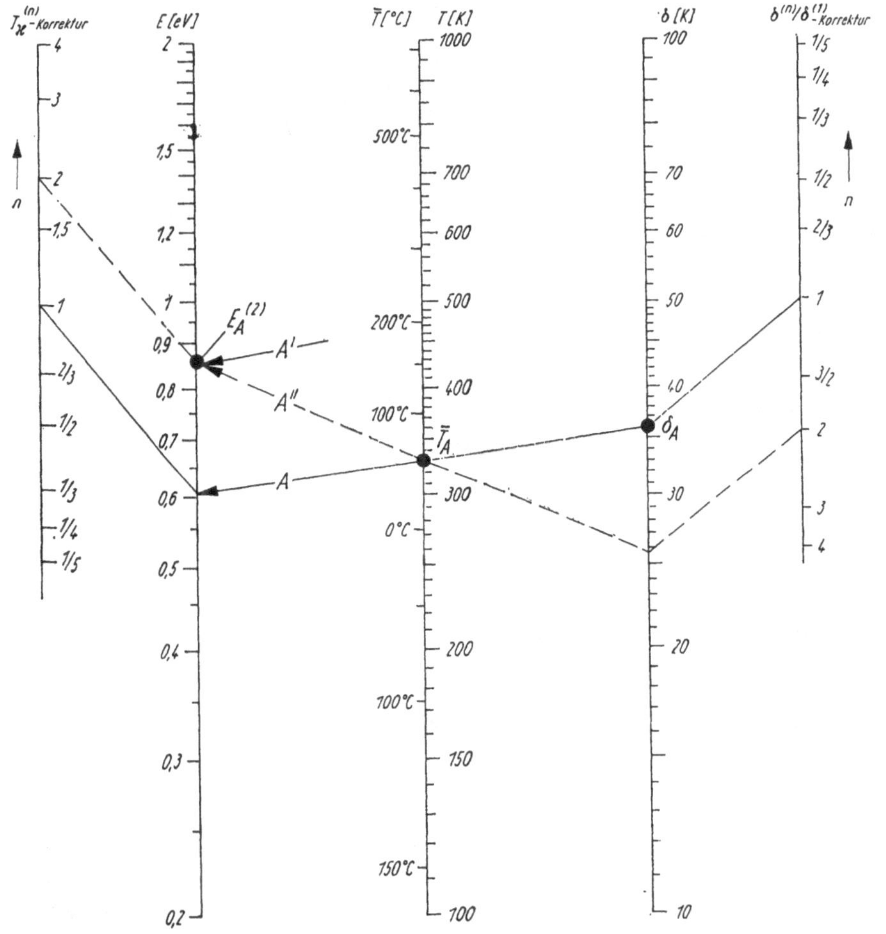

Abb. 6 Nomogramm zur Korrelation $E = \overline{T}^2/(\delta \cdot T_\varkappa^{(\gamma)})$ erweitert für beliebige Kinetikordnungen als Korrektur mit Hilfe von $T_\varkappa^{(\gamma)}$ oder $\delta^{(\gamma)}/\delta^{(1)}$

Beispiel: Für $\overline{T}_A = 330$ K und $\delta_A = 36$ K folgt für $\gamma = 1$: $E^{(1)} = 0{,}605$ eV, aber für $\gamma = 2$: $E^{(2)} = 0{,}854$ eV

ten und damit ungenaueren Form. Das Prinzip der Entwicklung in ein Polynom wurde noch nicht verwendet; faktisch wurden also nur die ersten Terme a_i berücksichtigt. Jetzt ist es möglich, für beliebige weitere γ und bis zu Termen einer höheren Genauigkeit die Rechnung exakt durchzuführen. Das Ergebnis für $\varkappa^{(\gamma)}$, bzw. den Grad der Näherung durch die ersten Terme, sowie $T_\varkappa^{(\gamma)} \equiv \varkappa^{(\gamma)}/k$ zeigt Abb. 7. Für eventuelle Interpolationen ist zu beachten, daß $T_\varkappa^{(\gamma)}$ einen Gang proportional zu $T_\varkappa^{(\gamma)} \simeq \gamma^{\frac{\gamma}{1-\gamma}}$ 5200 K/eV aufweist.

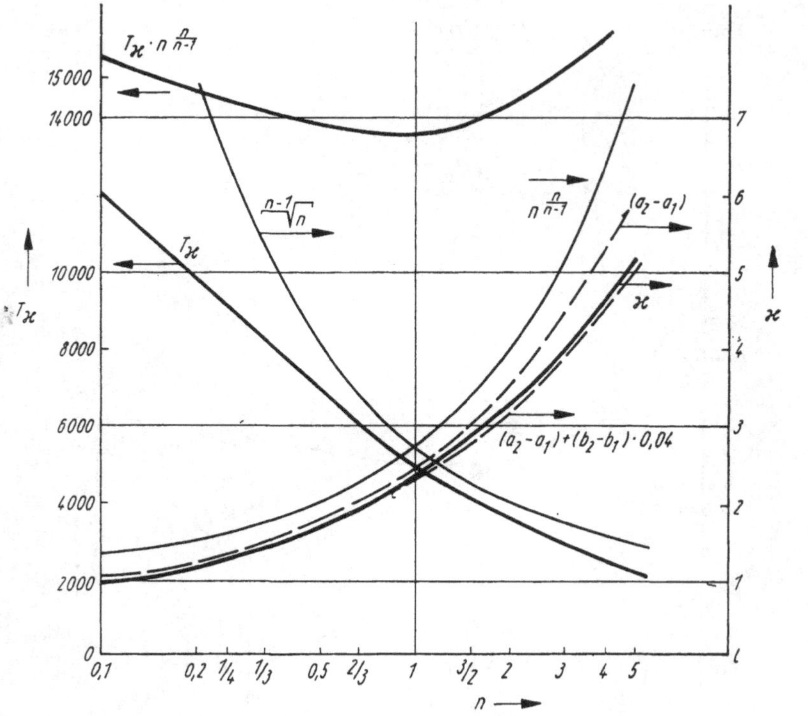

Abb. 7 Von der Kinetikordnung abhängige Größen: $T_\varkappa^{(\gamma)}$, $\varkappa^{(\gamma)}$, $a_2^{(\gamma)} - a_1^{(\gamma)}$ u.a.

An dieser Stelle sei betont, daß alle gefundenen Korrelationen das Ergebnis einer konsequenten Behandlung der Ausgangs-Differentialgleichung (2) sind. Es werden keine Vernachlässigungen oder Abrundungen vorgenommen und es wurden keine willkürlichen Annahmen oder Einschränkungen über den möglichen Wertebereich von Parameterpaaren vorausgesetzt. Damit ist eine neue Qualität gegenüber früheren Abschätzungen, in denen z.B. die Anzahl der berücksichtigten Terme nach Plausibilitätserwägungen bei der Polynomdarstellung, speziell für das Exponentialintegral gekürzt wurde, erreicht. Man sollte daher die so erhaltenen Korrelationen für die systematische Analyse heranziehen. Ein Vorschlag besteht darin, bei der Auswertung von Experimenten und bei deren Veröffentlichung neben den qualitativen Kurvenverläufen auch als *Daten anzugeben:* T_1, $\overline{T}$, T_2. Zu jedem Kurvenblatt, wie in dem Atlas von Liptay, könnte ein *standardmäßiges Blatt für die quantitative Auswertung* beigelegt werden. Das sei an einem Beispiel demonstriert (Abb. 8). Ausgewertet, einschließlich grob geschätzter Fehlergrenzen, wurde dafür das schon klassische Beispiel von Doyle [8] zur thermogravimetrischen Bestimmung der Zersetzung

Meßdaten:

$\bar{T}$:	$578\,°C = 851\ (\pm 3)$ K	δ:	50 ± 2 K
$\bar{C}$:	$0.375 \pm 0,03$		
T_1:	823 K	δ_1:	28 ± 1 K
T_2:	873 K	δ_2:	22 ± 2 K
		q:	$3\ K \cdot sec^{-1}$

Korrelationen von Peakdaten:

A	$= 0,79 \pm 15\% = \dfrac{\delta_2}{\delta_1}$	γ:	$= 1,17$
$\bar{A}$	$= 0,6 \pm 0,05 = \dfrac{\bar{C}}{1 - \bar{C}}$	$\bar{\gamma}$:	$= 0,9$
$\dfrac{k\bar{T}^2}{\delta}$	$= 1,248 \pm 0,050$ eV		

Vorauswahl-Kinetikordnung:

$\hat{\gamma}$:	1
$\varkappa$:	2,322
$T_\varkappa$:	4 998 K

Parameter-Ergebnis:

E:	$2,90 \pm 0,13$ eV	$\bar{y}$:	$= 0,0253$
	$= 280 \pm 13$ kJ/Mol	$\dfrac{1}{y}$:	$= 39.5 \pm 1,7$
Γ:	$\doteq 2,3 \cdot 10^{20}$	$\bar{\eta}$:	$= 0,9528$
K_0:	$= 2 \cdot 10^{16} \pm 0,8\ s^{-1}$		

Abb. 8 Erforderliches Minimum von experimentellen Peak-Daten zur quantitativen Auswertung (Zahlen nach dem klassischen Beispiel von Doyle [8]);
diese Daten sollten als Ergänzung zu veröffentlichten Kurven (wie Bild 2) von allen Autoren mitgeteilt werden, einschl. reeller Genauigkeitsgrenzen

von Polytetrafluoräthylen {([8], Table V, Fig. 3). Im Original war die E-Bestimmung durch versuchsweises Anpassen mit $E = 60$, 70 und 80 kcal begonnen worden, am Ende wurde für E erwartet 66 oder 68 kcal/mol (2,86... 2,96 eV) und entsprechend $K_0 = 2{,}20 \cdot 10^{14}\ sec^{-1}$ oder $7{,}60 \cdot 10^{14}\ sec^{-1}$.

Der Auswerter hat bei diesem Schema noch eine wesentliche Aufgabe: Nachdem mit den Meßdaten die A- und $\bar{A}$-Werte und mit den zu (11), (12) inversen Beziehungen daraus zwei rohe γ-Werte gebildet wurden, müßte er für die Kinetikordnung eine *Vorauswahl* treffen! Dann wieder erhält man die endgültigen Parameter-Ergebnisse E, K_0 und einige zweckmäßige Hilfsgrößen

$\bar{y}, \bar{\eta}$ und $\Gamma = \dfrac{1}{\bar{y}^2}\, e^{1/\bar{y}}$

Für die Beurteilung von γ sollte man immer davon ausgehen, daß für *geeignete Reaktionsmodelle die Kinetikordnung* γ stets eine diskret bestimmte Zahl ist, z. B. $\frac{1}{2}$, 1, 2 usw. Die Kinetikordnung γ ist also genau genommen keine infinitesimale Veränderliche. Optimierte Anpassungen mit mehreren Dezimalstellen für γ-Werte sind eine formale Übertreibung und sollten unterlassen werden.

Es scheint, daß ein solcher Ausweis gemessener und ausgewerteter Daten zweckmäßiger ist, als die heute in Veröffentlichungen vielfach beobachtbaren Versuche, auf Rechenmaschinen unter einer Vielzahl von Modellkinetiken (bis zu 20) die echteste Anpassung heraussuchen zu lassen. Eine eindeutige Entscheidung ist praktisch nicht zu erhalten und oft erreichen 5–6 Modelle den gleichen höchsten Korrelationskoeffizienten als Maß für die Anpassungsgüte. Ein gleicher Korrelationskoeffizient bedeutet aber nicht, daß Energiewerte und Frequenzfaktoren übereinstimmen; ganz im Gegenteil, denn es liegen ja verschiedene Modellgleichungen zu Grunde. Hinzu kommen als Erschwernis für reale Meßdaten (im Unterschied zu simulierten Modell-Einzelpeaks) Meßwertstreuungen, Meßwertuntergrund und echte Überlagerungen, die von den Rechenprogrammen noch nicht differenziert genug separiert werden können. Außerdem ist der Bereich des berücksichtigten Umsatzgrades für die verschiedenen Reaktionsmodelle von unterschiedlichem Gewicht.

Äquivalenz zwischen zeitlinearen (nichtisothermen) und isothermen Reaktionspeaks

In der Überschrift wurde auch eine Aussage zu isothermen Reaktionen angekündigt. Es soll hier eine gewisse Äquivalenz aufgezeigt werden. Dieses Wort *Äquivalenz* soll sich nur auf die Auswertung beziehen, nicht auf die Vorgänge selbst. Isotherme Reaktionskurven weisen an sich keine Peaks auf; wir erzwingen das künstlich durch eine Zeittransformation [9].

Dazu gehen wir wieder von Gl. (2) aus:

$$-\frac{dC}{dt} = C^{\gamma}\ \frac{1}{\tau}; \quad \frac{1}{\tau} \equiv K_0\ e^{-E/kT} \tag{2'}$$

Jetzt ist $T = \text{const}$ und damit $\frac{1}{\tau} = \text{const}$. Zur Abkürzung wollen wir im Vortrag nur den monomolekularen Fall $\gamma = 1$ betrachten mit seinem Integral: $C(t) = C_0\ e^{-t/\tau}$. Durch formales Erweitern der Gl. (2′) durch Multiplikation mit t und substituieren von $\Theta \equiv t/\tau$ erhält man nun

$$-t\frac{dC}{dt} = -\frac{dC}{d\ln\Theta} = C_0\ \Theta\ e^{-\Theta} \tag{14}$$

Diese Funktion hat ihr Maximum bei $\bar{\Theta} = 1$ und deshalb normieren wir, genau so wie für nichtisotherme Prozesse, durch Bezug auf ihr Maximum:

$$P(\ln \Theta) = \frac{-dl/d \ln \Theta}{-dC/d \ln \Theta|_{\bar{\Theta}}} = \Theta \quad e^{1-\Theta} \tag{15}$$

Eine Entwicklung in der Umgebung des Maximums liefert mit $f = \ln \Theta, \bar{f} = 0$:

$$\begin{aligned} P(\ln \Theta) &= \exp\{\ln \Theta + 1 - \Theta\} = \exp\{f + 1 - e^f\} \\ &= \exp\left\{-\frac{f^2}{2}\left(1 + \frac{f}{3} + \frac{f^2}{12} + \dots\right)\right\} \end{aligned} \tag{15'}$$

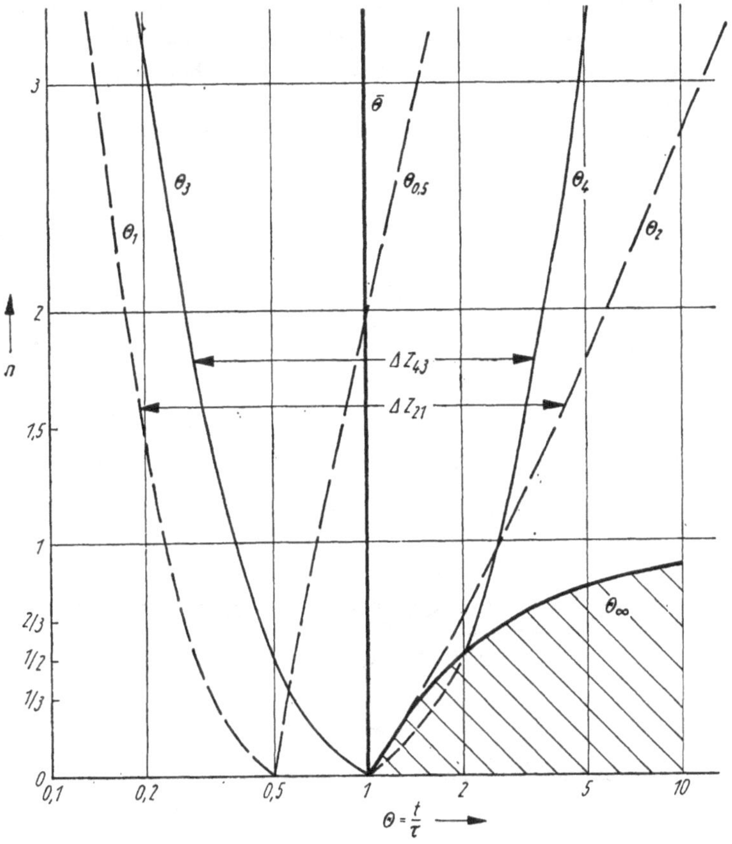

Abb. 9 Zur Lage ausgewählter Punkte auf „äquivalenten" isothermen Reaktionskurven in Abhängigkeit von der Kinetikordnung (s. [9)] : $\bar{\Theta}$-Lage des Peak-Maximums, Θ_1 und Θ_2 – Lage der Halbwertshöhen, entsprechend ΔZ_{21} – Halbwertsbreite über der transformierten Variablen, $\Theta_{0,5}$ – Lage des 50%igen Umsatzes

Sinngemäß, auch für $\gamma \neq 1$, ergibt sich für isotherme Prozesse über dem Logarithmus der Zeit als unabhängige Veränderliche eine formal *gleiche Kurvenform* wie für zeitlineare Aufheizung mit der Temperatur (proportional der Zeit) als unabhängige Größe (Gl. (5)). Man könnte also ebenso die Peaklage benutzen um die Relaxationszeit $\tau(T)$ und aus der Asymmetrie die Kinetikordnung zu bestimmen. Abbildung 9 gibt das Ergebnis einer hier nicht ausgeführten Rechnung: die Verschiebung von Θ_1 und Θ_2 mit wachsendem γ. Eingezeichnet sind ferner die Lagen Θ_3 und Θ_4 der Wendepunkte der $P(\ln \Theta)$-Kurve, die ebenfalls die Formänderung eines Peaks für unterschiedliche γ deutlich machen.

Ein Auswertungsbeispiel (Abb. 10) zeigt, daß es auf diese Weise möglich wurde, auch noch erheblich überlagerte Exponentialprozesse zu erkennen und quantitativ aufzulösen. Bei diesem Beispiel handelt es sich um die Kinetik der Denaturierung von DNA nach einem positiven Temperatursprung [10]. In der gleichen Arbeit [9] konnte die anfängliche Skepsis eines Rezensenten überwunden werden, als ein Vergleich mit anderen Auswertungsmethoden, speziell mit einer Fourier-Analyse, angetreten wurde. Dabei waren aus einer sehr beschränkten Meßpunktzahl (28) bis zu fünf überlagerte, unterschiedlich inten-

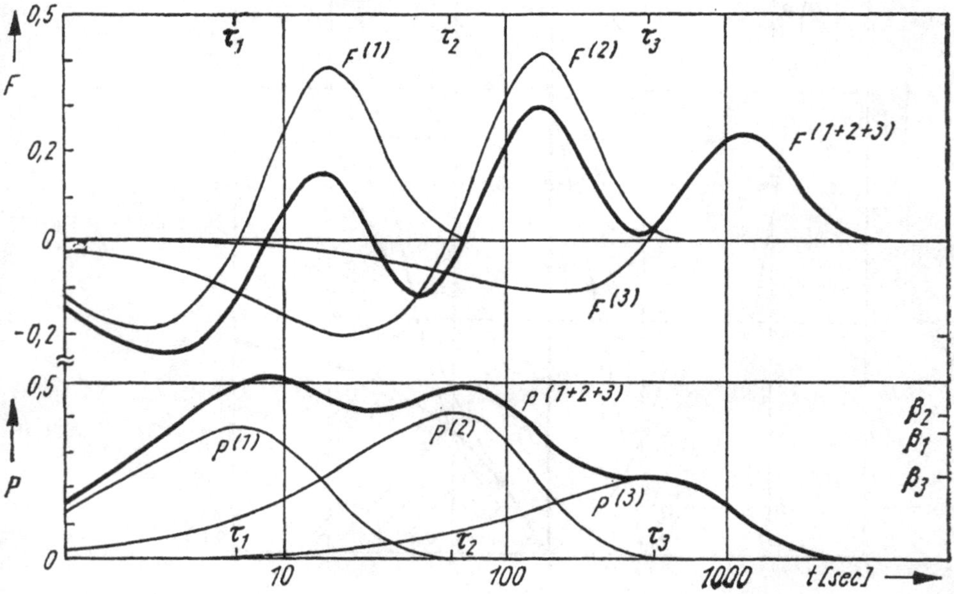

Abb. 10 Drei isotherm stark superponierte Exponentialprozesse mit ihren Bestandteilen $P^{(i)} = \beta_i e^{-t/\tau_i}$ (nach einem Ergebnis zur Denaturierung der DNA [10], aus [9]).
Für die quantitative Auflösung ist es nützlich, die nächste Ableitung $F^{(i)} \equiv dP^{(i)}/d \lg t$. hinzuzuziehen; die Nullstellen von F sind wesentlich weniger durch die Überlagerung verfälscht und weisen besser auf die τ-Lagen, d.h. die echten Maxima von P, hin

sive Prozesse aufzulösen. Die Genauigkeit stand der bei der Fourieranalyse nicht nach, und das bei einer besseren Übersichtlichkeit und sogar bei geringerem Rechenaufwand.

Temperaturabhängige Verteilungsfunktion mit den Observablen $\bar{T}$ und δ

Abschließend soll die Kenntnis von $\varkappa^{(\gamma)} = \text{const}$ noch in einer anderen Weise benutzt werden und zwar zur Ableitung einer „Verteilungsfunktion" und zur „Spektrenauflösung"! Wegen der Länge des Vortrages zeigen wir deshalb wieder nur den monomolekularen Fall, aber das Prinzip wird daran deutlich.

Die Lösung von (2) gibt die Konzentration als Funktion von T, E und K_0/q

$$C^{(1)}\,(T; E, K_0/q) = C_0 \quad e^{-\frac{\eta K_0 k T^2}{qE} \cdot \exp\left(-\frac{E}{kT}\right)} \tag{16}$$

Aber die Prozeßparameter E und K_0 sind ja noch unbekannt und sollen eigentlich ermittelt werden.

Mit der Maximumsbedingung: $\dfrac{K_0\, k\bar{T}^2}{qE} = e^{E/k\bar{T}}$ folgt

$$C^{(1)}\,(T; \bar{T}, E) = C_0 \quad e^{-\frac{\eta T^2}{\bar{T}^2} \cdot \exp\left[\frac{E}{k\bar{T}}\left(1 - \frac{\bar{T}}{T}\right)\right]} \tag{16'}$$

oder mit Hilfe von (13)

$$C^{(1)}\,(T; \bar{T}, \delta) = C_0 \quad e^{-\frac{\eta T^2}{\bar{T}^2} \cdot \exp\left[\frac{\varkappa\bar{T}}{\delta}\left(1 - \frac{\bar{T}}{T}\right)\right]} \tag{16''}$$

Genauso kann man die (nichtnormierte) Peakkurve als Funktion der Observablen $\bar{T}$, δ und C_0 angegeben:

$$-\frac{dC^{(1)}}{dT} = C_0 \quad e^{-\frac{E}{kT} - \frac{\eta K_0 k T^2}{qE} \cdot \exp\left(-\frac{E}{kT}\right)} \tag{17}$$

$$= C_0 \quad \exp\left\{-\frac{\varkappa\bar{T}}{\delta} \cdot \frac{\bar{T}}{T} - \frac{1}{\sqrt{1 + 4\delta/\varkappa T}} \cdot \frac{T^2}{\bar{T}^2} \cdot \exp\left[\frac{\varkappa\bar{T}}{\delta}\left(1 - \frac{\bar{T}}{T}\right)\right]\right\} \tag{17'}$$

Wenn wir jetzt an das Bild 3a überlagerter Prozesse denken, so kann man eine erste Auswahl von „scheinbaren" Datenpaaren ablesen: Maximumstemperaturen $\tilde{T}_A$, $\tilde{T}_B$, $\tilde{T}_C$ und Halbwertsbreiten (evtl. auch nur einzelne Schultern, z.B. $\bar{\delta}_{2c}$, $\bar{\delta}_{1A}$), relative Intensitäten $\bar{\bar{P}}_{A,B,C}$. Man kann mit diesen Parametern und den „Verteilungsfunktionen" (16) bzw. (17) den Gesamtprozeß simulieren, z.B. auf einem Rechner mit Plotter. Danach korrigiert man die Fehlanpassung, die durch die mehrfache Überlagerung bedingt ist. Selbst die Kinetikordnung kann in ihrer Fehlertendenz erkannt und korrigiert werden. Erreicht man zum Schluß eine gute Simulation, dann darf man davon ausgehen, daß die so korrigierten Daten den wahren $\bar{T}$, δ und $\bar{P}$ der Einzelprozesse entsprechen. Damit darf man rückwärts für jeden Prozeß wieder bestimmen:

$$E = \overline{T}^2/(\delta \cdot T_{\varkappa}^{(\gamma)}) \tag{18}$$

$$K_0 = \Gamma \cdot q \cdot k/E = \frac{qE}{k\overline{T}^2} e^{E/\overline{T}} = \frac{q\varkappa^{(\gamma)}}{\delta} e^{\varkappa\overline{T}/\delta} \tag{19}$$

Sehr geehrter Herr Professor THIESSEN,

diese reaktions-kinetischen Probleme und ihre Lösungen haben sich im Laufe der Zeit verdichtet. Über viele Einzelfälle wurde schon früher diskutiert, wobei man sich oft auf Sonderfälle beschränkte, auf eine bestimmte Kinetikordnung, beispielsweise mono- oder bimolekulare Reaktionen, auf einzelne homogene und heterogene Vorgänge oder bestimmte Eigenschaften. Viele sehr gleichartige, fast identische Einzellösungen werden immer wieder publiziert. Zum Teil schreckte man dabei aber auch vor Schwierigkeiten zurück (z. B. bei der Integration des Exponentialintegrals), billigte unnötige mathematische Näherungen oder Vernachlässigungen. Es scheint, daß heute in hinreichend allgemeiner und trotzdem übersichtlicher Form das Lösungsproblem für einfache Reaktionstypen geschlossen worden ist. Weitere Probleme werden bei komplexen Simultan- und Folgereaktionen sowie für ausgesprochen heterogene Reaktionen bearbeitet. Wir haben für einfache Reaktionen Korrelationen zur Verfügung, um objektive Aktivierungsparameter bestimmen zu können. Sie sind konsequent und mathematisch sauber abgeleitet und einfach und praktikabel zugleich. Und dazu haben Sie, Herr Professor THIESSEN, uns auch mit angeregt!

Literatur

[1] G. LIPTAY, Atlas of thermoanalytical curves. Verlag Akademiai Kiado, Budapest 1971–76.
[2] H. E. KISSINGER, Anal. Chem. **29**, 1702 (1957).
[3] M. BALARIN, A. ZETZSCHE, phys. stat. sol. **2**, 1670 (1962), 3 K 367 (1963).
[4] M. BALARIN, Phys. stat. sol. (a) **31**, K 111 (1975).
[5] M. BALARIN, Phys. Lett. **64A**, 435 (1978).
[6] M. BALARIN, Thermochin. Acta **24**, 176 (1978).
[7] M. BALARIN, Thermochim. Acta **33**, 341 (1979).
[8] C. D. DOYLE, J. Appl. Polym. Sci. **V** (15) 285 (1961).
[9] M. BALARIN, Exp. Technik Physik **26**, 229 (1978); **27**, 401 (1979).
[10] CH. KUHNE; A. WALTER, Z. Phys. Chem. (Leipzig) **256**, 487, 689 (1975).

P. A. Thiessen

Chemie auf neuen Wegen

Ich wende mich mit der Bitte an Sie, mir zuzustimmen in dem Dank an die Vortragenden. Wir haben sehr viel Neues erfahren, hatten viel dazuzulernen, mehr, als wir im Augenblick wahrscheinlich aufnehmen können. Besonders hervorzuheben ist: in allen Problemen war gezeigt, wie sie weiter zu entwickeln sind; das kann man nicht hoch genug schätzen: das Verfügbare und das Künftige.

Erlauben Sie mir, daß ich in dieser Stunde Partnerinnen und Partner grüße, mit denen ich zusammenarbeite und zusammengearbeitet habe. Ich bedanke mich bei ihnen für wechselseitigen Anspruch, Zuspruch und Widerspruch. Alles dreies ist notwendig, um jene Dynamik aufrechtzuerhalten, die man braucht, um immer das Neue zu erkennen und auch den Willen aufzubringen, es zu gestalten. Darüber hinaus ist zu erkennen und anzuerkennen, daß immer ein gesellschaftlicher Auftrag erfüllt werden muß. Und damit bin ich im Thema.

In seinem Schlußwort zum 9. Plenum des ZK der SED (Dezember 1978) nannte ERICH HONECKER eine Reihe von Aufgaben und Aufträgen, die nicht nur nach den Bedürfnissen unseres Landes, sondern der DDR als eines Partners der sozialistischeu Völkergemeinschaft, als einem Glied des großen sozialistischen Kontinents zu erfüllen sind. Hier werden prognostische Einschätzungen verlangt für verschiedene Bereiche; für den der Chemie will ich dazu einen Beitrag leisten.

Wir leben jetzt und hier in einer Phase, in der die Folgen der wissenschaftlich-technischen und ökonomischen Revolution besonders wirksam sind und in ihrem Ablauf sehr schnelle Reaktionen und immer größere Aufmerksamkeit verlangen. Es sieht so aus, als ob die Wirbel in diesem Augenblick besonders groß sind. Ich denke etwa an die mancherorts allergischen Reaktionen auf die friedliche Nutzung der Kernenergie; sie sind irrational – und wie immer sind irrationale Zusammenhänge beliebig – und unter Umständen interessentengebunden – steuerbar, so auch in diesem Fall. Und ähnlich ist es mit der sogenannten Energiekrise; sie erscheint als die zweite „Ölkrise". Gibt es sie wirklich? Die gesamte Erdölproduktion hat ständig zugenommen. Inzwischen haben Monopole Höchstprofite erzielt und schwere ökonomische Erschütterungen erzeugt. Diese vorsätzlich gemachte, künstlich erzeugte und aufrechterhaltene „Krise“ ist natürlich nicht gleichgültig, auch nicht für uns, sie kann uns vielerlei Unbequemlichkeiten machen; aber niemals ist sie für uns bestimmend, das möchte ich ausdrücklich sagen. Eine Krise wird ein „Zustand“ nur dann, wenn man ihr nicht gewachsen ist. Wir sind ihr gewachsen, weil die Voraussetzungen bei uns gänzlich andere sind.

Chemie auf neuen Wegen, Stoffwandlung, ist ihrer Natur nach gekoppelt mit erheblichen Energieumsätzen – ich brauche es im einzelnen nicht auszuführen. Diese Umsätze tragen eine Bürde: das ist die Entropie. Sie ist zum Glück leicht begreifbar geworden durch ihre statistische Ableitung aus Wahrscheinlichkeitsprozessen. Handhabbar ist sie geworden, ebenfalls nach den Regeln der Wahrscheinlichkeit, durch die Quantenmechanik, durch die Quantenfeldmechanik und eine hochentwickelte mathematische Rechenkunst. Die Chemie ergibt sich aus diesem Zusammenhange als eine Wirkung der Elektronendichte, ihrer Konfiguration und ihrer Beweglichkeit. Und eben dieses Elektron ist es, das in der Halbleitermikroelektronik neue Werkzeuge schafft: die Rechengeräte und die Mikroprozessoren. In unserer prognostischen Einschätzung müssen wir davon ausgehen. Wir haben also damit zu rechnen, daß wir die Bilanz der Energie, ihre bestmögliche Bewirtschaftung nicht bloß prinzipiell erkennen können, sondern daß wir sie auch handhaben dürfen. Voraussetzung ist natürlich, daß wir uns wieder einmal daran erinnern, wie in der „Dialektik der Natur“ von FRIEDRICH ENGELS verlangt wird, daß alle diese Zusammenhänge zunächst im Kopf zu bewältigen sind. Man hat einen solchen, und es ist sehr nützlich, daß man ihn bemüht, bevor man an die Handhabung geht.

Als Chemiker erkläre ich ausdrücklich, daß die Methode, von der ich spreche, zur Bewältigung der Vorgänge der Stoffwandlung nicht nur nützlich, sondern unbedingt notwendig ist. Es steht völlig fest – ich stehe dafür ein –, daß die Kenntnis und die Möglickkeit des Einsatzes der Quantenmechanik in der Zukunft zum Bildungsstand des Chemikers gehören wird, zwangsläufig, so wie früher der „KÜSTER-THIEL“, die logarithmische Rechentafel für Chemiker mit ihren Tabellen. Ob es manchem und allen gefällt oder nicht, ist gleichgültig. Die Frage ist nur, ob das ausreicht. In absehbarer Zeit nicht mehr.

Ich erinnere an die Diskussion, ob und wie weit eine längerfristige Wettervorhersage möglich ist. Prinzipiell ja; aber das bedeutet noch lange nicht, daß sie wirklich, daß sie „realiter“ zutreffend ist. Nicht die Meteorologen haben daran Schuld. Die Kennwerte und ihre Bestimmungsgrößen sind ihrer Zahl nach und in ihrer Verflechtung zu groß, um sie auch mit den bisher höchstentwickelten Rechentechniken zu bewältigen. Analog ist die Lage in der Stoffwandlung.

Wir können uns chemische Prozesse vorstellen, die wir nach den Methoden der Quantenmechanik berechnen können, es sind bisher nur die allereinfachsten;

trotzdem sind sie in ihrer weiteren Entwicklung notwendig. Die Methode, auf die der Chemiker nach wie vor angewiesen ist, nämlich Probe und Passung, leidet darunter, daß das Suchen zu umständlich ist, wenn man die Bereiche nicht einschränken kann. Und dazu braucht man eben jene Quantenmechanik und die hohe Rechentechnik! Trotzdem bleibt noch ein großer Rest übrig, der vorerst nicht zu bewältigen ist.

Seien wir uns darüber klar: der Weg vom Werkstoff, d.h. Ausgangsmaterial in der Chemie, zum Werkstück, d.h. zum Reaktionsprodukt und schließlich zum Gebrauchsgut, ist im ganzen nicht sehr schwierig, wenn man von sehr reinen Ausgangsprodukten ausgeht. Erinnern wir uns an die Bedeutung der Reinststoffe, von denen aus man Prozessen viel zumuten kann. Man muß sie aber erst haben. Der Fall tritt außerordentlich selten ein; denn die Regel ist ganz anders. Vor dem Werkstoff steht der Rohstoff, in dem die Bestandteile der Stoffwandlung sehr verwickelt gekoppelt sind. Der Weg vom Rohstoff zum Werkstoff wird dadurch unendlich kompliziert. Ich sage mit keinem Wort, daß er nicht eines Tages auch rechnerisch vollständig erfaßbar sein wird. Man kann nichtlineare Verfahrenszüge in eine Reihe von linearen Stufen unterteilen, die schließlich zum gewünschten Endprodukt führen. Das ist prinzipiell möglich, und – ich möchte ausdrücklich betonen – was ausdenkbar ist, ist vorstellbar, und was vorstellbar ist, ist unter allen Umständen irgendwann realisierbar, wenn nicht jetzt, dann in Zukunft. Aber wir können nicht abwarten, sondern müssen zu allen Mitteln greifen, die zum Erfolg führen.

Wir werden gegenwärtig die Methoden der „klassischen Chemie“ noch nicht entbehren können.

Es wird uns Chemikern gern nachgesagt, daß diese unsere Methode der klassischen Scheidekunst – nämlich das Analysieren, das Präparieren, das Synthetisieren – im Grunde ein Handwerk ist. Seien wir gerecht: in vielen Bereichen ist es wenigstens ein Kunsthandwerk.

Aber das genügt nicht. In der Konzeption ist es eine hohe Kunst. Chemiker brauchen eine gewisse Musikalität, nicht nur da, wo „Chemiker musizieren“

Wie wird man in Wirklichkeit mit den verwickelten Zusammenhängen fertig, bei den hohen Ansprüchen an die Aufschließung der Erscheinungen nach Maß und Zahl? Im Schlußwort von Erich Honecker auf dem 9. Plenum steht als Aufgabe die sozialistische Rationalisierung. Wie wird man damit fertig? Es geht nicht anders, als daß man zeitweilig pragmatische Methoden anwendet.

Wenn viele Stoffe in sehr verschiedenen Verhältnissen nebeneinander vorkommen und miteinander reagieren können, dann sind ihre Wechselwirkungen nicht nur verflochten, sondern verknäult. Es gab im Altertum den Gordischen Knoten, den angeblich niemand auflösen konnte. Eines Tages kam ein Mazedonier und schlug ihn mit dem Schwerte durch. Diese „Alexander“-Lösung ist die schlechteste, sie bewährt sich niemals. Bereits im Altertum wurde dem Berufseroberer nachgewiesen, daß der Gordische Knoten durch Nachdenken zu lösen war. Ob und wie weit Knäuel und Knoten aufzulösen sind, daß ist eine

Frage der Mathematik, besonders der Technologie. Mit brauchbaren Näherungen an Vielkörperprobleme wird man der Sache nahekommen. Zunächst sind pragmatische Lösungen jedoch noch nicht vermeidbar.

Ein annehmbares Beispiel entnehme ich der Seefahrt unserer Tage: Die Sowjetunion hat einen Hochleistungs-Eisbrecher gebaut, der die nördlichen Passagen freihält. Angetrieben von Kernenergie, ausgerüstet mit allen modernen navigatorischen Hilfsmitteln, maschinell besonders kräftig, aus Baustoffen ersten Ranges und geführt von Seeleuten mit größter Erfahrung. Die äußeren Bedingungen — Wetter, Wind und Wellen - sind hart und in täglichen und stündlichen Erscheinungen nicht berechenbar. Sie verlangen Entscheidungen, die auf persönlichem Erleben beruhen. Deshalb bilden Seemächte ihre künftigen Führungskräfte in der Segel-Schulschiffahrt aus. Das hat seine sehr guten Gründe. Segelschiffe fordern den Umgang mit „dem großen W", d.h. Wetter, Wind und Wellen hautnah im vollen Wortsinne. Beim Arbeiten in der Takelage gibt es den Grundsatz: „one hand for the ship, one hand for me, beide Hände und den Kopf für die Seefahrt" Das darf überall als Symbol wirksamer Gemeinschaftsarbeit gelten. Diese „Gemeinschaftsarbeit" ist ein Zunftwissen, kennzeichnend dafür sind eine Reihe von Verrichtungen, geübt und bewährt. Persönliche Entscheidungen sind nicht nur erlaubt, sondern verlangt. Das ist vorteilhaft aber auch gefährlich, förderlich für Initiative, jedoch ist menschliches Versagen nicht auszuschließen. Deshalb darf keine Art von Zunftwissen - auch wenn es wissenschaftlich begründet ist - die elektronische Datenverarbeitung und die Betriebs-, Meß-, Steuer- und Regeltechnik weder verhindern noch verzögern.

Die zielgerichtete, prognostisch einzuschätzende, qualitativ und quantitativ geschlossene rationalisierte Produktion, theoretisch ausgedacht und praktisch verwirklicht, energetisch, ökonomisch und stofflich optimiert, wird bestimmt durch Stand und Entwicklung des Verbundes Computer/Mikroprozessor und angepaßter Technologien zur Befriedigung der Bedürfnisse der entwickelten sozialistischen Gesellschaft. Wir haben heute noch eine Reihe von Prozessen, die wir nicht aufgeben können. Bisher geübte und bewährte Produktionsmethoden entsprechen den vorstehend genannten Forderungen nur zum kleinsten Teil. Trotzdem müssen wir mit den Einrichtungen, die wir haben, leben. Sie müssen uns den Windschutz geben und die Mittel verschaffen zur Durchführung der künftigen rationalisierten Produktion, dynamisch und ohne Zeitverlust. Den Einsatz der Mikroprozessoren können wir dabei nicht entbehren, auch nicht, wenn das manchmal noch bestritten wird. Überall, wo Menschenhände und menschliche Schwächen in einen Prozeß eingeschaltet sind, liegt das „Harrisburg-Syndrom" auf der Lauer. Vorstellungskraft und Gestaltungswille des handelnden Menschen werden dadurch weder überflüssig noch beeinträchtigt. Der kaltrechnende Prozessor, dem viel zuzumuten ist, ist ein Werkzeug und nicht mehr. Nützlich und notwendig ist er vor allem bei der

Erprobung neuer, sehr kühner Ideen. Es gilt der Satz: „zum Salto gehört nur Mut, das übrige macht die Physik".

Der ökonomische und technische Aufwand braucht uns nicht zu schrecken. Unsere Mikroprozessoren sind klein, billig und verfügbar. So können sehr zuverlässige Reglersysteme aufgebaut werden. Für jeden Teilschritt lassen sich mehrere elektronische Organe einsetzen, parallel und gekoppelt. Es braucht keine Ausfälle zu geben.

Natürlich ist das auch gefährlich, weil es unter Umständen dazu verleitet, Prozesse, „weil es eben so schön geht," auch weiter aufrechtzuerhalten. Das kann zum Konservativismus führen. Das muß man wissen, die Gefahr erkennen und sie umgehen.

Natürlich ist es richtig und schon sehr viel besser, wenn man vor dem Einsatz der Prozessoren, d.h. des Computers als Auftraggeber, als Dispatcher, als Verteiler, zusammen mit dem Prozessor, d.h. als Mikrosensor und Mikrooperator, zunächst die Prozeß- und Systemanalyse sorgfältig durchführt. Das Problem steht im Raum seit etwa 20 Jahren und ist da und dort „in der Durchführung begriffen". Es ist nicht anders auszudrücken, als es ist!

Wir müssen eine weitere Folgerung ziehen aus dem Wesen der elektronischen Rationalisierung, nämlich, wie nimmt der Sensor die Signale auf. Da ergibt sich, daß der Fließprozeß, d.h. der dynamische dem statischen grundsätzlich überlegen ist. Das läßt sich reaktionskinetisch begründen und nachweisen.

Aber das genügt noch nicht. Wir sollten uns überlegen, daß die Verbindung von Computer -Prozessor über Sensor und Operator mit dem Reaktor selbst ein hierarchisches System ist, das die Anpassung der Verfahrensweise an die Besonderheiten des Rechners und des Prozessors verlangt. Notwendig ist, daß der Reaktor trägheitslos anspricht, d.h. gehorsam wie in einer Korporalschaft, ohne nachzuhinken. Die dynamische und statische Trägheit überkommender Prozesse ist auszuschalten. Analoge sind nachweisbar.

In den vorangegangenen Vorträgen von V. I. Spitzin, H.-J. Treder, M. Balarin und H. J. Spangenberg wurde gezeigt, wie kinetisch, analytisch, molekular-mechanisch und in atomaren Wechselwirkungen solche Zusammenhänge darstellbar sind. Theoretisch, experimentell erprobt und zum Teil technisch entwickelt stehen Modelle bereits zur Verfügung. Zu nennen sind aktivierte Reaktionen durch Impakte verschiedener Art, der Einsatz hochwirksamer spezifischer Katalysatoren, heterogen und homogen, mikrobielle Vorgänge.

Vorgänge dieser Art und entsprechende Analoga lassen technologische Anwendungen unter nahezu beliebigen, verschiedenartigen äußeren Bedingungen zu. Diesen Vorgängen ist gemeinsam die Möglichkeit einer Reaktionsführung durch periodische innere Aktivierung kleinster Bereiche von Reaktionsgemischen. Extrem instationäre Vorgänge ermöglichen für sehr kurze Zeit hohe Ballungen von Energie, die sich ohne besonderen Aufwand zu stationären Verfahrenszügen zusammenfassen lassen. Gegenüber Technologien mit energetischem Außenklima erlauben sie Leichtbau und schnelle Fertigung von Anlagen für die Prozeßführung.

Die Entwicklung derartiger Produktionsverfahren auch außerhalb der Chemie ist unabwendbar. Was wir in Zukunft wollen, müssen wir jetzt und hier und heute beginnen, und zwar mit allen Kräften. Einwände derart „es geht nicht" sind unberechtigt. Der pflanzliche und tierische Organismus benutzt in großem Umfang solche Mechanismen. Um Mißverständnissen vorzubeugen; was wir uns auch immer an ausgeklügelten Technologien und Verfahren der geschlossenen computerprozessor-gesteuerten Reaktionsführung ausdenken können, bleibt mit Sicherheit hinter den Leistungen der biologischen Evolution zurück. Auf dem Wege zur Verwirklichung stehen wir in den ersten Anfängen. Zwingende Aufträge für Forschung und Entwicklung liegen fest. Die theoretischen Bedingungen von Stoffwandlungen dieser Art müssen ergründet, experimentell erprobt und für den Vollzug in der Produktion aufbereitet werden. In meinem eigenen Arbeitsbereich, vor allem aber in der Sowjetunion, wird in den Filialen der Akademie der Wissenschaften intensiv daran gearbeitet.

Der Computer/Mikroprozessor verlangt die Ablösung des bisher Gewohnten. Auslösung und Ablauf der Umstellung wird bestimmt durch äußere Antriebe, durch die Notwendigkeit der geschlossenen sozialistischen Rationalisierung.

Die plangerechte Erschließung weiter Bereiche der Sowjetunion von den Ausmaßen eines Kontinents erweist sich als ein natürlicher Bereich für den Einsatz und weite Entfaltung neuer Produktionsverfahren. Hier ist das neue Denken und seine Verwirklichung eine absolute Notwendigkeit. Die Prinzipien der hierarchischen Computer/Mikroprozessor/Reaktorprozesse sind überall anwendbar. Ihre Elastizität erlaubt Modellierung nach allen vorkommenden geophysikalischen, stofflichen, energetischen und ökonomischen Bedingungen. Die äußeren Voraussetzungen sind sehr verschiedenartig. Sie reichen z.B. vom Nurek-Staudamm über den breiten westöstlichen Gürtel der BAM-Zone bis zur subpolaren Halbinsel Kola. Extrem hart, aber nicht ausschließlich ungünstig sind die Anforderungen des tiefgründigen Permafrostes. Ich behaupte, daß man ihn z.B. als „kostenlose Tiefkälte" gelegentlich vorteilhaft für Prozesse der Stoffwandlung nutzen kann.

Die ideologischen Bedingungen – und nicht nur diese –, sondern auch die besonderen Beziehungen der Wissenschaft zur Praxis, vor allen Dingen die Kühnheit der Konzeptionen in der Sowjetunion sind etwas Einzigartiges. In den harten Jahren der Entwicklung der sozialistischen Gesellschaftsordnung entstand eine bewährte und erprobte Kooperation, in Breite und Tiefe vielfältig gegliedert, universell anwendbar. Die Spannweite reicht von der reinen Mathematik bis zur Bewegung der mechanischen Schaufel.

Ich denke, es ist für uns als Partner notwendig, die Probleme zu erkennen und an ihnen intensiv mitzuarbeiten. Ich darf aus unserem engeren Kreise sagen, daß bereits viele Beziehungen bestehen. Natürlich müssen sie sehr erweitert und vertieft werden. Es ist sehr logisch, sich für künftige Fragestellungen zu überlegen, wie nützlich, notwendig und abrechenbar gearbeitet werden muß.

Es bleibt eine zweite Frage, die in der Welt ziemlich viel Kopfzerbrechen macht, nämlich, was wird aus dem Arbeiter, wenn die geschlossene Rationalisierung eingeführt wird. Für die Erzeugung bestimmter Gebrauchsgüter wird nur noch ein Teil der Arbeitskräfte benötigt. Im Monopolkapital wächst die Zahl der Arbeitslosen. Vermittels einer ausgeklügelten Rationalisierung macht der Monopolkapitalist nicht mehr Werkstoffe nach Maß, sondern Verbrauchsgüter nach Maß neuer und billig erzeugter Werkstoffe für einen künstlich hochgezogenen profitablen Konsum. Der Sozialismus erstrebt und schafft echte und vernünftige Gebrauchsgüter, vorzüglich in der Haltbarkeit, in der Gebrauchstüchtigkeit, formschön, nicht nach Maß des Profits und eines Scheinbedarfs.

In unserer Gesellschaft ist es eine gerechte Forderung, die Menschen als anspruchsvolle Verbraucher hinzuführen zu den Werten der Kultur, der Natur, der Kunst und des Sports.

Es gibt in der entwickelten sozialistischen Gesellschaft unter den Bedingungen der geschlossenen Rationalisierung weder soziologische noch strukturelle Krisen. Statt dessen leiten sich aus ihr mächtige Impulse für die Entwicklung und den Einsatz aller Produktivkräfte her. Wir können mit der gleichen Zahl von Menschen unter schwierigen Bedingungen mehr Gebrauchsgüter, mehr Düngemittel und im Grunde dadurch mehr Nahrungsmittel erzeugen und so der Welt, noch Millionen hungernden Menschen, wenigstens ein Stück mehr Brot schaffen.

Wir erleben in dieser Phase zum ersten Mal in der Geschichte der menschlichen Gesellschaft einen völligen Umbruch im Vollzuge der wissenschaftlich-technisch-wirtschaftlichen Revolution unter friedlichen Bedingungen — soweit es gelingt, den Frieden zu sichern und allen möglichen Provokationen zu begegnen.

Wir sind verpflichtet zur Wachsamkeit. Zur Sicherung der Entwicklung unserer sozialistischen Gesellschaft müssen wir offensiv arbeiten, das heißt zunächst unbedingte Parteilichkeit! Keiner darf gegen Herausforderungen eine gleichgültige Haltung einnehmen. Offensiv sein, ohne aggressiv zu sein, bedeutet geordnete und hohe Leistung! Und als Notenschlüssel: Vorausleistung. Womit gemeint ist: prognostisches Denken, logisches Planen, Akkumulation von Wissen und Können, schöpferisches Gestalten bei höchster Produktivität. Auch Vorausleistung für Sicherheit! Ob Wissenschaftler, Künstler, Wirtschaftskader usw.: Jede Tätigkeit, gut und vorwärtsdrängend ausgeübt, trägt zu dem Vorrat an Macht bei, den der Sozialismus notwendigerweise braucht.

Ich bin sehr dankbar und bewegt von Freundschaft und Freundlichkeit, die ich in diesen Apriltagen erfahren habe. Besonders bewegt mich ein Geschenk der Führung der Sozialistischen Einheitspartei Deutschlands. Die Besatzung des Raumschiffes, zu der als erster Bürger unseres Staates Siegmund Jähn gehörte, hatte in den Kosmos eine kleine „Faust“-Ausgabe mitgenommen. Ich schätze mich glücklich, einen von den vier Kosmonauten signierten „Faust“ zu besitzen, und ich beherzige:

„Das ist der Weisheit letzter Schluß:
Nur der verdient sich Freiheit wie das Leben,
der täglich sie erobern muß.“

H.-J. Spangenberg

Thiessens Tribo-Plasma-Modell und die nichtthermische Aktivierung chemischer Systeme

Anläßlich dieser Festveranstaltung möchte ich auf einige Gebiete der Physikalischen Chemie hinweisen, die insbesondere durch das Wirken von Professor P. A. THIESSEN eine Weiterentwicklung erfahren haben.

In einer Reihe THIESSENscher Arbeiten, Originalpublikationen, Übersichten und Vorträgen, vor allem auch nach 1960, wird den chemisch-thermodynamischen Nichtgleichgewichtssystemen besondere Aufmerksamkeit gewidmet. Instationäre Vorgänge weitab vom chemischen Gleichgewicht, besonders tribochemische Prozesse, fanden bei Herrn THIESSEN stetes Interesse und waren Gegenstand seiner Forschung.

Prozeß	*Ursache*	*technische Anwendung*
1. Adiabatische HT.- und Flammenprozesse	Hohe RG., Relaxation von Energiemoden	Oxydation von KW stark exotherme Reaktionen
2. Reaktionen in Stoßwellen	Relaxationsvorgänge	(chem. Stoßrohr)
3. Molekül-Ionen-WW Molekül-Elektron-WW	geringe Aktivierungsenergie $T_e \neq T_N$	„kalte" Plasmachemie, Reaktion in Glimm- u. Corona-Entladung
4. Molekül-Photon-WW	radikalische Zustände Rk. aus höheren E-Niveaus	Blitzlicht-Photolyse
5. Tribochem. Reaktionen	„Mikro – Plasma"	Festkörperreaktionen unter mechan. Bearbeitung, Mahlprozesse

Abb. 1 Nichtgleichgewichtsprozesse in der physikalischen Chemie

Die physikalisch-chemischen Phänomene bei der mechanischen Bearbeitung von Festkörpern sind Ausdruck kurzlebiger Anregungen und einer dabei auftretenden Vervielfachung der chemischen Reaktivität. Unmittelbar während eines Schneid-, Ritz- oder Prallvorganges kommt es durch Impaktstöße an Oberflächen für eine kurze Zeit und in submikroskopischen Gebieten zu einem quasiadiabatischen Energiestau. Für diesen kurzlebigen Zustand wurde von

THIESSEN Anfang der 60er Jahre aus synoptischer Sicht ein Magma-Plasma-Modell abgeleitet, welches die auftretenden Erscheinungen in einem Prinzip zusammenfaßt. Dieser plasmaähnliche Zustand kann als Ursache für unterschiedliche chemische Prozesse, sowie als Quelle von Elektronen- und Photonenemissionen aufgefaßt werden [1].

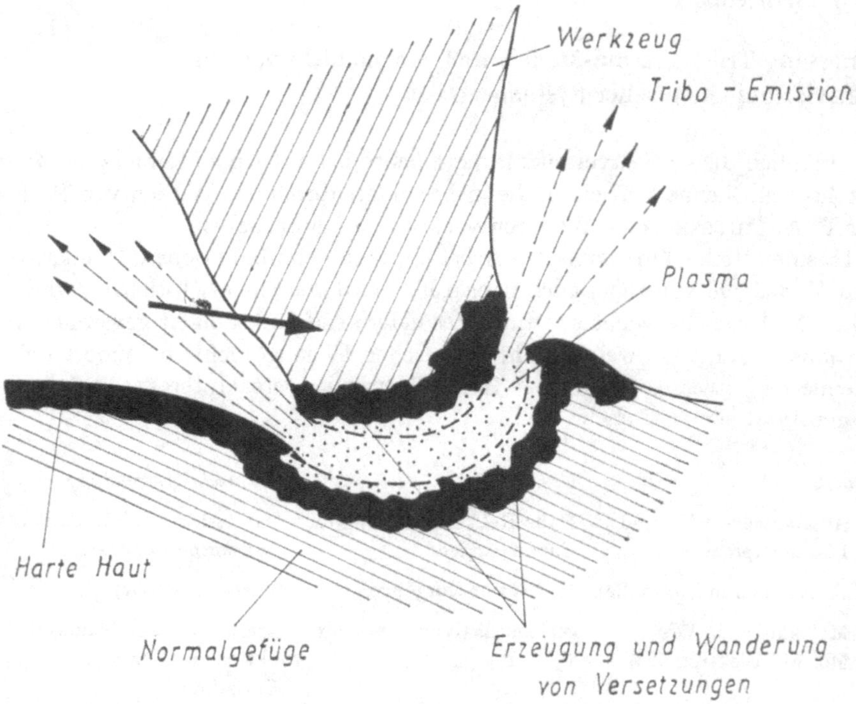

Abb. 2 Schema der Entstehung des Triboplasmas bei mechanischer Bearbeitung

Damit war es naheliegend, daß zwischen den Reaktionsabläufen mechanochemischer und plasmachemischer Prozesse weitgehende Analogien bestehen müssen [2].

Inzwischen ist bekannt, daß die Umsetzung von Kohlenmonoxid und Sauerstoff zu CO_2 oder dessen Spaltung in diese Komponenten in Gegenwart von Reibungsvorgängen genauso auftreten, wie in einer Korona- oder Glimmentladung entsprechenden Druckes. Benzol wird bei Abwesenheit von Wasserstoff und geeigneten Mahlpartnern zu Cyclohexan, wie das auch in Glimmentladungen festzustellen ist. Ähnlich ist es mit der Bildung von Cyanwasserstoff in Gegenwart von Ammoniak und Methan. Bei den verschiedensten Gasentladungen wird dieser endotherme Prozeß beobachtet und trotz der hohen

Sorptionsfähigkeit der Blausäure kann der Nachweis auch nach mechanischer Bearbeitung geführt werden. Geht man zu einer Atmosphäre aus Ammoniak, Methan und Wasserdampf über, so gelang Schülern von P. A. THIESSEN [3] bei der tribochemischen Beanspruchung von Siliziumcarbid der Nachweis der Bildung von Aminosäuren, analog wie er von MILLER in den USA seinerzeit in spektakulärer Weise in kalten elektrischen Entladungen erbracht wurde. Damit ist auch gezeigt, daß die Bildung präbiotischen Materials eben nicht nur durch elektrische Entladungen in der Uratmosphäre möglich war, sondern, worauf THIESSEN hinwies, auch durch den Ablauf geomechanischer Prozesse zustande kam.

Auch bezüglich des Wirkens von Zusätzen bestehen Parallelen zwischen photochemischen, plasmachemischen und tribochemischen Vorgängen. Ich erinnere an die Sensibilisierung der Methanwandlung bei Zugabe von Argon, wobei eine signifikante Erhöhung der Bildung ungesättigter Kohlenwasserstoffe eintritt. Und kürzlich gelang in unserem Zentralinstitut auch der Nachweis, daß die Bildung von Acetylen aus Alkanen im elektrischen Funken verstärkt wird bei Anwesenheit geringer Mengen an Quecksilberdampf.

Von anderer Seite wurde festgestellt, daß, wenn bei der Reibung von metallischem Quecksilber auf Glas, Methan zugegen ist, sich gesättigte und ungesättigte C_2-Kohlenwasserstoffe bilden, ähnlich wie in einer Glimmentladung, wobei spektroskopisch gezeigt werden kann, daß primär CH_2-Radikale entstehen, die anschließend rekombinieren.

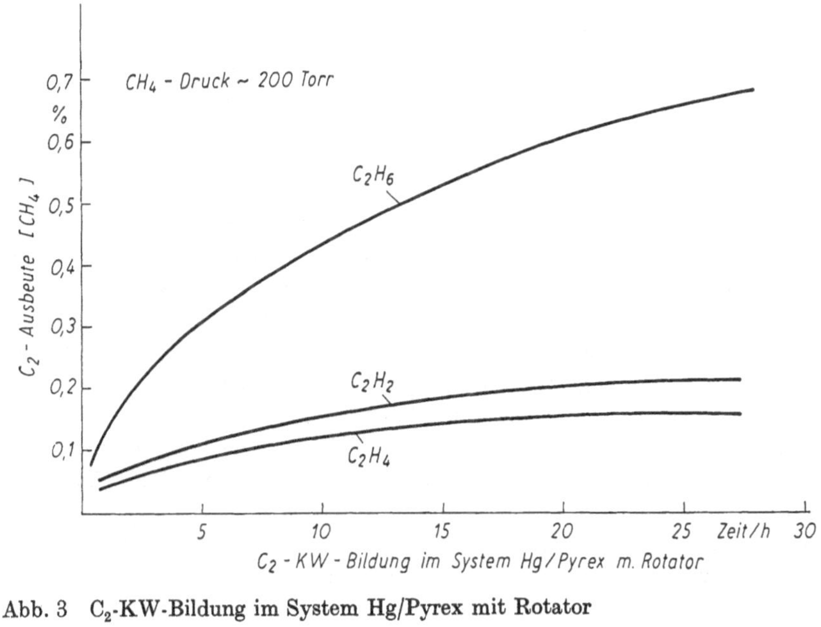

Abb. 3 C_2-KW-Bildung im System Hg/Pyrex mit Rotator

Herr THIESSEN hat den offensichtlichen Analogien zwischen diesen Feldern der physikalischen Chemie dadurch Rechnung getragen, daß neben der Behandlung der Mechanoimpakte bereits Mitte der 30er Jahre Untersuchungen über chemische Vorgänge in elektrischen Entladungen Aufnahme fanden. Herausragend ist hier die 1934 [4] von ihm für chemische Zwecke eingesetzte Büschel-Entladung zu nennen, also ein nichtisothermes Plasma, dessen Eignung zur Bildung wenig stabiler Verbindungen wie Ozon oder Hydrazin sehr bald erkannt wurde.

Daß weitgehende Analogien zwischen Kurzzeitvorgängen in mikroskopischen Oberflächengebieten bei der Berührung von Festkörpern und Vorgängen im elektrischen Funken, also einer instationären Bogenentladung bestehen, muß als wesentlicher Grund dafür gesehen werden, daß auch in der jüngeren Zeit Funkenentladungen und die dabei ablaufenden chemischen Prozesse in der Arbeitsgruppe von Prof. THIESSEN Behandlung finden.

Das Magma-Plasma-Modell war das Modell der geringsten Widersprüche, wobei sein Urheber immer selbst betonte, daß dabei das heuristische Element häufig den Vorrang gegenüber einer detaillierten Beschreibung der ablaufenden Vorgänge erhielt. So kam es, daß das Modell nicht immer unangefochten blieb. Heute jedoch ist klar, daß es die wesentlichen Erscheinungen begründen kann. Zur Gewinnung weiterer Aussagen über chemische Vorgänge bei Mechanoimpakten war es notwendig, definierte physikalische Bedingungen für den mechanischen Prozeß zu schaffen. Das wiederum ist z.B. für Mahlvorgänge kaum zu erhalten. Daher interessierte sich Herr THIESSEN insbesondere für Prallvorgänge, bei denen makroskopische Partikel definierter Masse, Geometrie und Geschwindigkeit auf Festkörperoberflächen treffen.

Ausdruck des experimentellen Bemühens in dieser Richtung waren z.B. auch der Anfang der 60er Jahre erstellte van de Graff-Generator und das Fallrohr zur Beschleunigung von geladenen Mikropartikeln, um die chemischen Folgen ihres Bombardements als Funktion der kinetischen Größen beobachten zu können.

Physikalischer Sachverhalt ist, daß beim Impaktvorgang in submikroskopischen Gebieten, z.B. von $100 \cdot 100$ Å^2, Kontaktzeiten beim Aufeinandertreffen von Spitzen in der Größenordnung von 10^{-7} s auftreten, was aus den synchron mit den einzelnen Impakten emittierten Lichtblitzen geschlossen werden kann.

Diese Zeit würde nicht ausreichen zur thermischen Aktivierung chemischer Reaktanten. Aus unseren Untersuchungen am Plasmastrahl, also thermischen Systemen, insbesondere bei der Bildung solcher Spezies, wie Acetylen und Blausäure ist klargeworden, daß die reagierenden Methan- oder Stickstoffmoleküle mindestens über eine Zeit von 10^{-4} s aktiviert, d.h. in der heißen Zone verbleiben müssen, selbst bei Gastemperaturen um 4000 K.

Bei der Einführung z.B. von Methan in einen Stickstoffplasmastrahl findet offenbar ein sukzessives Abreißen von Wasserstoffatomen statt. Es entstehen Radikale CH, C und CN, die dann zu C_2 oder C_2H, C_2H_2 oder HCN rekombinie-

Mittlere molekulare WW-Zeit (elast. Stoß)	$\approx 10^{-14}$ s
Mittlere Zeit für molekulare freie Weglänge	$\approx 10^{-9}$ s
Relaxationszeit für Molekülrotation	$\approx 10^{-9}$ s
Relaxationszeit für Schwingungsprozesse	$\approx 10^{-7}$ s
Relaxationszeit für O_2-Dissoziation	$\approx 10^{-7}$ s
Mittlere effektive Stoßzeit, bei Barrieren-Energie $E = 60$ kcal/Mol	$\approx 10^{-5}$ s
Lebensdauer angeregter metastabiler Zustände	$\approx 10^{-3}$ s

Abb. 4 Charakteristische Zeiten für molekulare Prozesse

ren [5]. Spektroskopisch ist zu erkennen, daß in einem begrenzen Gebiet die Relaxation zwischen den verschiedenen molekularen Freiheitsgraden auftritt, indem Reaktionsenergie dominierend als Schwingungsenergie vorliegt, die entsprechenden Subtemperaturen divergieren. Demnach kommt aber auch aus zeitlichen Gründen eine rein thermisch bedingte Reaktion im Tribosystem, also durch Molekülstöße untereinander bei Existenz einer Boltzmann-Verteilung über alle Freiheitsgrade des molekularen Systems, nicht in Betracht. Außer der selektiven Anregung von Schwingungen muß den aus dem mechanisch erzeugten Mikroplasma austretenden freien Elektronen eine besondere Rolle zuerkannt werden.

Durch Untersuchungen von verschiedener Seite ist heute klargestellt, daß bei der mechanischen Bearbeitung von Festkörperoberflächen eine Elektronenemission erfolgt. Es wurden niederenergetische Elektronen von einigen Elektronenvolt Energie, unter Vakuumbedingungen auch hochenergetische Elektronen im keV-Bereich nachgewiesen.

Welche Bedeutung besitzen niederenergetische Elektronen als Bestandteil des mechanisch erzeugten Mikroplasmas für das chemische Geschehen? Die Mehrzahl der durch mechanische Bearbeitung austretenden Elektronen hat, durch Nachbeschleunigung verursacht, Energien im Bereich von 1–2 eV, obwohl z.B. durch Impaktbearbeitung selbst Helium mit Anregungsenergien zwischen 10 und 24 eV zum Leuchten gebracht wird. Elektronen mit Energien, auch unter 3 eV, können durch Elektronenstoß eine Vielzahl chemischer Prozesse in Gang bringen, ohne daß Molekülionisation oder das sofortige Aufbrechen von Bindungen erfolgt. Gerade solche zweiatomigen Spezies, wie Stickstoff, Kohlenmonoxid oder Sauerstoff, können durch Anlagerung niederenergetischer Elektronen kurzzeitig zu virtuellen negativen Molekülionen werden und nach Ablösung des Elektrons in einem schwingungsangeregten Zustand verbleiben, der durch Energietransfer zur Reaktion mit einem geeigneten Partner führt.

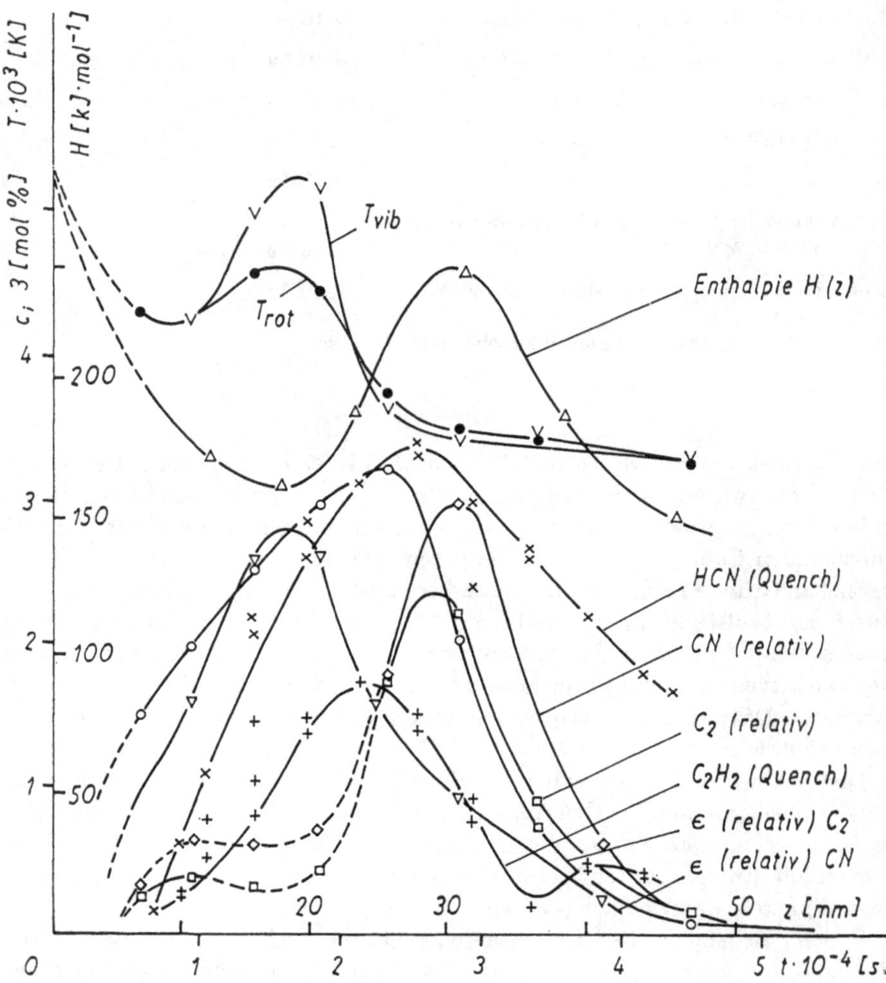

Abb. 5 Axiale Verteilung von Enthalpie, der Schwingungs- und Rotationstemperaturen und der relativen Konzentrationen einiger Spezies im Stickstoff-Plasmastrahl nach Zuführung von Methan

Die hierbei vom Molekül aufgenommene Energie des Elektrons in der Größenordnung von 1 bis 2 eV würde ausreichen, um Aktivierungsbarrieren, z.B. für die tribochemisch stattfindende Nickel-Carbonylbildung zu überwinden.

Bei der Bildung von Blausäure aus Stickstoff und Methan wurde von verschiedener Seite klargestellt, daß sie über schwingungsangeregten molekularen

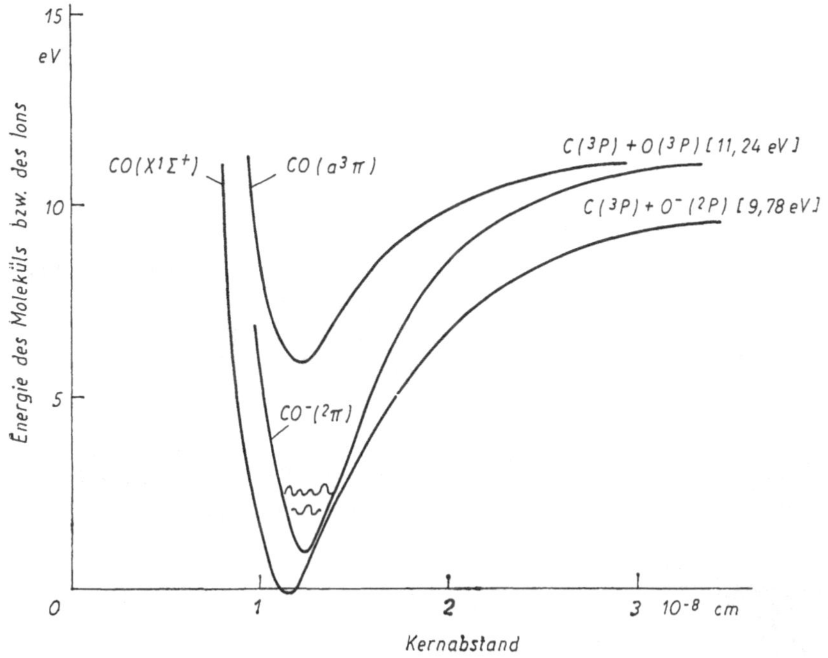

Abb. 6 Potentialkurven des Grundzustandes ($X^1\Sigma^+$) und des ersten elektronisch angeregten Zustandes ($a^2\pi$) von CO sowie des $CO^-(^2\pi)$-Ions

Stickstoff N_2^* erfolgt, z.B. gemäß Bild 7, wobei der Prozeß der kurzzeitigen Anlagerung niederenergetischer Elektronen ausreicht, um die Aktivierungsenergie der HCN-Bildung von etwa 95 kJ/Mol, also gerade 1 eV, aus der Anregung höherer Schwingungsterme des Stickstoffs und ohne dessen vorherige Dissoziation aufzubringen.

In den letzten Jahren wurden Polymerisationsprozesse auf Festkörperoberflächen unter mechanischer Bearbeitung beobachtet. Auf Spaltflächen geeigneter Kristalle findet z.B. Pfropfpolymerisation von Styrol oder Acrylnitril statt [6]. Aktivierungsenergien sind ebenfalls etwa in der Größe von 1 eV Das

$CH_2 + N_2^* \rightarrow CH + H + N_2$
$CH + N_2^* \rightarrow CHN_2^*$
$CHN_2^* + CH \rightarrow 2\,HCN$
$CHN_2^* \rightarrow HCN + N$

N_2^*: schwingungsangeregtes N_2-Molekül
Quasigleichgewicht bei 5000°K: 0,1% N

Abb. 7 Reaktionen mit angeregtem Stickstoff N_2^*

Pfropfpolymerisat scheidet sich danach mit einem Molekulargewicht bis 40000 auf der Spaltfläche ab.

Das Triboplasma ist analog Plasmen in Glimm- oder Koronaentladungen ein nicht-isothermes Plasma mit unterschiedlichen Subtemperaturen, dem Fehlen der Maxwell-Boltzmann-Energieverteilung, der Ungültigkeit des MWG und der Kinetik im Sinne von ARRHENIUS.

Wegen des Fehlens einer einheitlichen Temperatur kann nicht mit den Funktionen der Thermodynamik gearbeitet werden. P. A. THIESSEN und seine Schüler, wie HEINICKE, MEYER und SIGRIST, zeigten, daß in der Tribochemie wie auch in kalten Entladungen Reaktionen ablaufen, obwohl die Grundreaktionsarbeit ΔG selbst bis zu Temperaturen von einigen Tausend Grad positiv ist, z.B. für $SiC + 2H_2 \rightarrow Si + CH_4$ oder die Bildung von Goldoxid aus

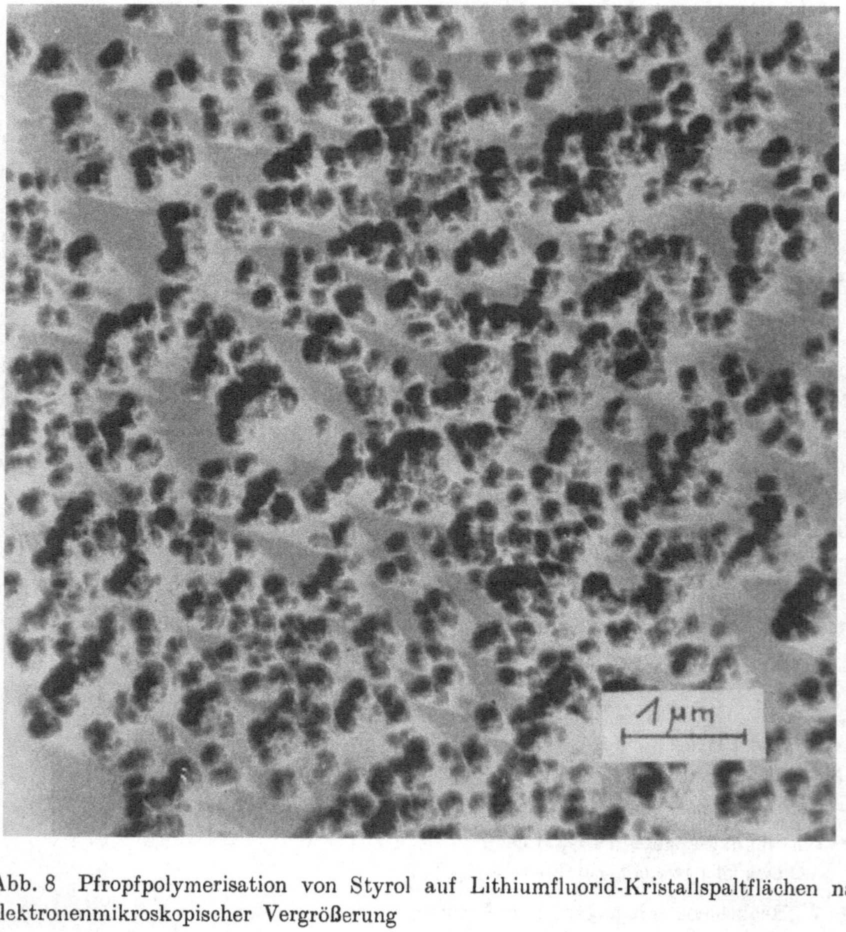

Abb. 8 Pfropfpolymerisation von Styrol auf Lithiumfluorid-Kristallspaltflächen nach elektronenmikroskopischer Vergrößerung

Gold und Kohlendioxid. Das ist aber nur ein anderer Ausdruck dafür, daß nicht-isotherme Bedingungen vorliegen. Zur Erklärung wurde von SIGRIST, SIEBER u. K. THIESSEN vorgeschlagen, daß eine thermodynamische Kopplung der Reaktionen mit positivem ΔG mit der im Überschuß vorhandenen Relaxationsenergie der höchsten Anregungszustände stattfindet. Bei mechanischen Reibungssystemen besteht das Wesen der Relaxation darin, daß kurzzeitig Schwingungszustände auftreten, die weit über den thermischen Gleichgewichtswerten liegen. Das aber bedingt einen spezifischen tribochemischen Zerfallsmechanismus, wie er bei der Zersetzung von $NaNO_3$, $KBrO_3$ oder $(COOAg)_2$ im Geflecht der Dissipationsprozesse auftritt, und in den letzten Jahren am ZIPC eingehend Untersuchung fand.

Auch bei Bruchvorgängen in Festkörpern können hochangeregte Zustände auftreten, wobei an der Front eines laufenden Bruches eine hohe Energiekonzentration herrscht, die größtenteils in thermische Energie umgesetzt wird.

Die Arbeiten von P. A. THIESSEN und seinen Mitarbeitern während der letzten Jahre haben gezeigt, daß das Prinzip der nichtthermischen Aktivierung chemischer Prozesse keineswegs schon durchgängig erkannt ist, sondern es werden immer wieder Vorgänge beobachtet, die überraschen.

Die in jüngster Zeit von P. A. THIESSEN, BOCK u. Mitarbeitern untersuchte Ammoniakbildung aus den Elementen sowohl bei tribomechanischer Bearbeitung von Hartgesteinen, wie Basalten und Graniten als auch bei Funkenanregung ist ein nichtthermischer Prozeß, denn sie ist mit etwa 50 kJ/Mol exotherm; also ein thermisches Plasma wäre als Reaktionsmedium völlig ungeeignet.

In dem Zusammenhang zeigte THIESSEN auch eine andere Möglichkeit der Hydrazinbildung. Diese labile Verbindung, welche chemisch als Hydrazinsulfat nach nicht-thermischer Aktivierung nachgewiesen wurde, bleibt vor dem Zerfall erhalten, weil die Molekültemperatur weit unterhalb der Elektronentemperatur liegt und auf Grund der stattfindenden Dissipation eine rasche Quenchung eintritt.

Damit solche Prozesse praktisches Interesse erlangen und hinsichtlich des spezifischen Energieaufwandes optimiert werden, ist es wesentlich, das Energieangebot an das chemische System selektiv zu gestalten, damit eine bloße Aufheizung der Reaktanten im trivialen gaskinetischen Sinne zum Zwecke ihrer Aktivierung vermieden wird.

In unserer Zeit, wo es in so hohem Maße darauf ankommt, Energie und Rohstoff gezielt und effektiv einzusetzen, hat die Frage nach der Erhöhung der Selektivität in dem zitierten Sinne eine neue Perspektive erhalten.

Dieses Gebiet der nicht-thermischen Aktivierung chemischer Prozesse wird eng mit dem Namen P. A. THIESSEN verbunden bleiben, denn das Modell des mikroplasmatischen Zustandes bildete die Grundlage und die wichtige Voraussetzung des Überganges von der Beschreibung des Phänomens der Tribochemie zur Ableitung von Mechanismen und ihrer quantitativen Behandlung.

Literatur

[1] P.-A. Thiessen, K. Meyer, G. Heinicke, Grundlagen der Tribochemie, Akademie-Verlag, Berlin (1967).

[2] H.-J. Spangenberg, Mitteilungsblatt der Chem. Ges. **22**, 1 (1975).

[3] P.-A. Thiessen, G. Heinicke, H.-P. Hennig, Z. Chem. **11**, 193 (1971).

[4] P.-A. Thiessen, H. Bardel, Z. techn. Phys. **16**, 10, S. 285 (1935).

[5] G. Winkelmann, J. Lachmann, H.-J. Spangenberg, Ber. Bunsenges. **81**, 4, S. 234 (1977).

[6] R.-J. Eifler, pers. Mitteilung. 1978.

Thiessen, Bock, Siegling, Altnau, Florek, Haase

Die besondere Bedeutung der Impulschemie für die geschlossene sozialistische Rationalisierung

Auf dem IX. und X. Plenum hat unsere Parteiführung erneut bekräftigt, daß die Beschleunigung des wissenschaftlich-technischen Fortschritts entscheidend für die Leistungsentwicklung unseres Landes sowie der Partner im RGW bzw. der gesamten sozialistischen Völkerfamilie ist. Im Zuge der schnellen Entwicklung der Mikroelektronik gelangt die wissenschaftlich-technische Revolution zu einer völlig neuen Qualität. Die Notwendigkeit einer geschlossenen sozialistischen Rationalisierung wird durch die billige Massenproduktion von Mikroprozessoren geradezu aktualisiert. Nur im Sozialismus ist eine Realisierung der geschlossenen Rationalisierung ohne strukturelle und soziale Krisen zum Wohle der Völker möglich.

Die geschlossene sozialistische Rationalisierung und die sozialistische Gesellschaft bedingen einander wie Schlüssel und Schloß.

Das Bestehende läßt sich nicht plötzlich ändern; in der sozialistischen Völkerfamilie ist aber eine Lage entstanden, wo in den Neulandgebieten völlig neue Prozesse den extremen Umweltbedingungen angepaßt werden müssen. Die Prozesse sind ihrer Art nach hierarchische Systeme, unter besonderen klimatischen Bedingungen nur in bevorzugter Richtung möglich. Eine Anpassung der Verfahrensweise an die Besonderheiten des Rechners und Prozessors wird verlangt. Der Prozeß muß soweit wie möglich trägheitslos ablaufen. Die neuen Technologien oder Verfahrensweisen erfordern eine gute Elastizität und Transparenz in Aufstellung, Betrieb und Wartung.

Diesen Anforderungen kommt die Impulschemie sehr nahe. Extrem instationäre Anregungsbedingungen werden zu quasistationären Verfahrenszügen von Impulsvorgängen gekoppelt. Solche Impulsvorgänge haben sich bereits in der Gasmetallurgie technisch durchaus gut bewährt. Dies zeigte die Darstellung von Nickelcarbonyl.

Sie ließen sich einfach und problemlos anfahren und unterbrechen, meß- und steuerungstechnisch leicht beherrschen.

Das ist aber nicht der einzige Weg der Impulsanregung. Auch Gase lassen sich durch extrem kurzzeitige Energiezufuhr, z.B. durch eine Serie von elektrischen Entladungen in Form von Hochspannungsfunken untereinander zur chemischen Reaktion bringen. Eine Reihe extrem kurzzeitiger Entladungsimpulse führen zur Entstehung hochenergetischer Teilchen, z.B. Radikale, Elektronen, Ionen. Infolge der begrenzten Lebensdauer der hochangeregten Teilchen kombinieren sie statistisch zwangsläufig zu thermodynamisch nicht zu erwartenden Produkten in meßbaren Ausbeuten. Steuerbar werden diese Prozesse durch ihre gezielte geometrische Anordnung der Funkenstrecken. Erfolgreiche Synthesen dieser Art sind die Ammoniak-, Salpetersäure- und Zyanwasserstoffsäuredarstellung. Aus Stickstoff, Wasserstoff, Sauerstoff und Methan lassen sich die Verbindungen bei Zimmertemperatur und Normaldruck darstellen. Je nach Mischungsverhältnis und Strömungsdynamik der Einsatzgase können erhalten werden: Ammoniak, Hydrazin, Hydroxylamin, Zyanwasserstoffsäure, Stickoxid, Distickstofftrioxid und Stickstoffdioxid.

Als weitere Gaskombination für die Funkenstrecke wird zur Zeit Schwefeldioxid und Sauerstoff im Gemisch untersucht. Schwefeldioxid und Sauerstoff können nach ihrer hochenergetischen Anregung zu Schwefeltrioxid reagieren. Dieser Vorgang läßt sich wesentlich beschleunigen, wenn im Gasgemisch auch Stickstoff zugegen ist. Das ist leicht verständlich, denn Stickstoff und Sauerstoff bilden im Funken höhere Stickoxide und analog dem Bleikammerverfahren wird das SO_2 oxydiert und die Stickoxide zu NO reduziert. Bei Anwesenheit einer definierten Menge Wasserdampf konnte die enstehende Nitrosylschwefelsäure, wie sie im Gay-Lussac-Turm des Bleikammerverfahrens auftritt, sehr gut isoliert werden. Eine entscheidende Rolle für den Reaktionsverlauf spielt der Wasserdampfgehalt des Gasgemisches. Sehr gut getrocknete Gasgemische bilden im Funken neben Schwefeltrioxid auch höhere Schwefeloxide und elementaren Schwefel.

Wasserdampf hat sicherlich seinen positiven Einfluß durch die Reaktion des Wassers mit dem Schwefeltrioxid zu Schwefelsäure und damit eine Gleichgewichtsverschiebung zugunsten der SO_3 zur Folge. Der reaktionsbeschleunigende Einfluß von Stickstoff und Wasser auf die SO_2-Oxydation brachte uns auf den Gedanken, Rauchgas von Kohlekraftwerken zu untersuchen. Die SO_2-Emissionsmenge ist um Größenordnungen höher als bei den meisten anderen Schadstoffen. Die SO_2-Belastung ist ein universelles und globales Problem und auch für die nächsten Jahrzehnte proportional mit der Energieerzeugung verknüpft. Bedenkt man, daß 90% der Steinkohlen- und Braunkohlenvorräte von 8600 Milliarden t der Sowjetunion in Sibirien liegen, und daß 60 bis 65% der Energieerzeugung für die zu errichtenden 8 territorialen Produktionskomplexe aus diesen Kohlevorkommen resultieren, so bedeutet das unter den besonderen klimatischen Bedingungen eine viel größere Umweltbelastung als in unseren Breiten. Einschneidende Möglichkeiten zur SO_2-Emissionsverminderung sind nicht abzusehen.

Eine Möglichkeit wäre, den Schadstoff nutzbar zu machen. Wie schon erwähnt: Die geschlossene sozialistische Rationalisierung verlangt eine neue Denkart, die unüblichen klimatischen Bedingungen verlangen eine Ablösung bisheriger Verfahrensweisen. Bestimmte äußere Antriebe und die absolute

Notwendigkeit sind vorhanden. Es sollte nicht zu kühn sein, folgende Fragestellung auszuprobieren: Das Schwefeldioxid des Rauchgases mit Hilfe der Funkenstrecke zu oxydieren und die gebildete Schwefelsäure an Rohphosphaten zu absorbieren. In der Tat, es geht! In Zusammenarbeit mit der „Phosphatgruppe“ um Dr. PAUDERT konnte ein Aufschluß von apatitischen Rohphosphat zu einem guten Phosphordüngemittel nachgewiesen werden.

Der Apatit wurde unter dem Einfluß der Funkenentladung und der sich bildenden Schwefelsäure in eine löslichere, pflanzenverfügbare Form überführt. Es konnte ein löslicher Gehalt der Phosphorkomponente als wasserlösliches Monocalciumphosphat bis zu 50% erzielt werden. Bei besonderer Anordnung der Funkenstrecke kann erreicht werden, daß die gebildeten Stickoxide als Nitrite und Nitrate im Düngemittel absorbiert werden und somit ein stickstoffhaltiger Phosphordünger vorliegt. Besonders hervorzuheben ist, daß durch die Mobilität einer solchen Anlage die Phosphordüngemittelherstellung dort eingesetzt werden kann, wo keine Anlagen zur Säureherstellung, dafür aber saure Abgase vorhanden sind, und wo sich Phosphate mit niedrigem P_2O_5-Gehalt, die sich chemisch und thermisch nicht mehr aufschließen lassen, in gut wirksame Düngemittel umwandeln lassen. Die Abb. 1 zeigt als Blockschaltbild eine solche Verfahrensentwicklung.

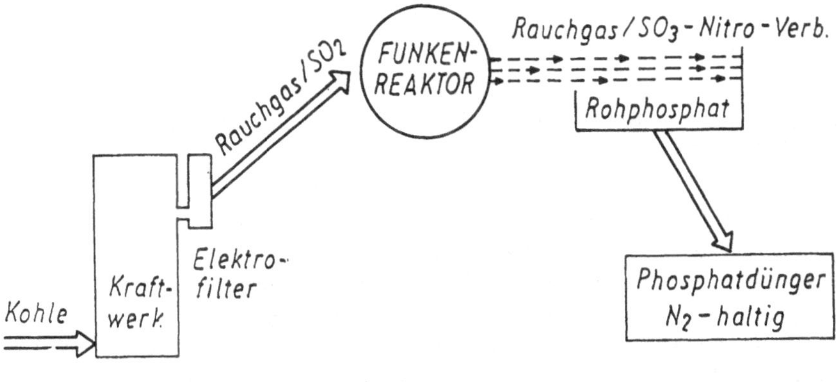

Abb. 1 Modell eines Kohlekraftwerkes mit Phosphordüngemittelproduktion. (Dieses Modell baute uns der Architekt, Herr WELSER)

Mein hochverehrter Lehrer, Herr Prof. THIESSEN, dem wir diese neuen Überlegungen und Anstöße für unsere Initiativforschungsgruppe verdanken, ging in seinem Vortrag auf dem Festkolloquium der Klasse Chemie zu Ehren seines 80. Geburtstages sogar soweit, zu sagen, daß es die besonderen klimatischen Bedingungen erlauben, chemische Prozesse ohne Gehäuse oder Behältnisse

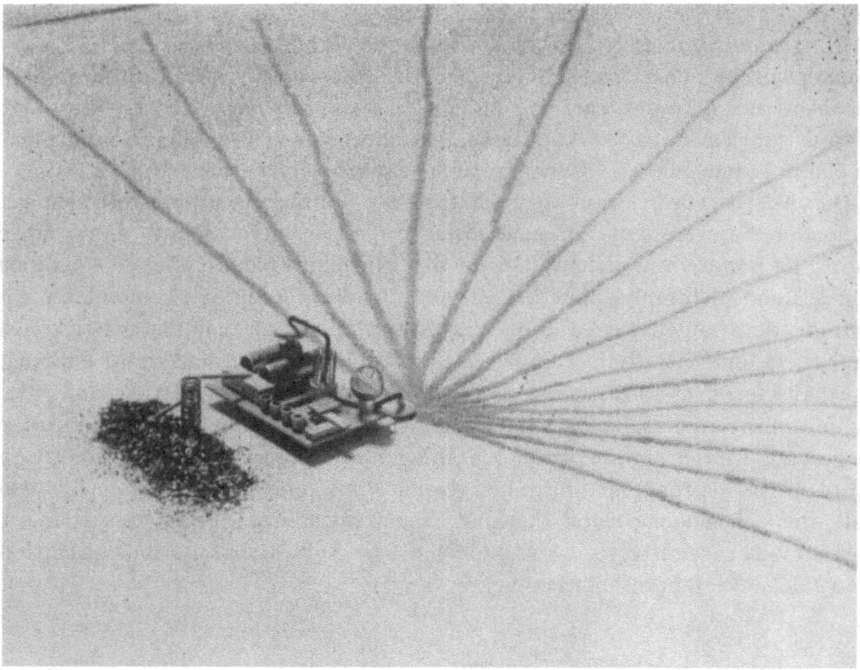

Abb. 2 Mögliche Anlage zur Herstellung von Phosphordüngemittel aus Abgasen eines Kohlekraftwerkes

ablaufen zu lassen. Abb. 2 zeigt ein Kohlekraftwerk mit Phosphordüngemittelproduktion im Modell.

Ein Kraftwerk mit einer Leistung von 1000 MW bläst täglich $\sim$250000 m^3 SO_2 in die Atmosphäre. Bei kontinentalem Klima gibt es kaum vertikale Luftbewegung, sondern nur horizontale Verteilung.

Einen solchen chemischen Prozeß käme die Impulschemie sehr nahe. Der Impulsreaktor ist unkompliziert im Aufbau und gut regelbar. Er arbeitet trägheitslos und ohne thermische Belastung. Er kann sogar im Polyäthylenbehälter betrieben werden, also im Rahmen der geschlossenen sozialistischen Rationalisierung besonders geeignet für den Aufbau von Fließprozessen.

Eine wesentliche Voraussetzung für das gigantische Programm und dessen Verwirklichung zwischen dem Ural und dem fernen Osten ist die allseitige Anwendung des wissenschaftlich-technischen Fortschritts und die Unterstützung aller sozialistischen Brudervölker zum Wohle der gesamten Menschheit. Zum ersten Mal in der Geschichte ist ein völliger Umbruch im Zuge der wissenschaftlich-technischen Revolution unter friedlichen Bedingungen möglich.

Allerdings nur, wenn es uns gelingt, den Frieden zu sichern und Provokationen abzuwehren.

Thiessen, Bock, Siegling, Altnau, Florek, Haase

Haften und Ausbreitung metallischer Schmelze auf metallischer Unterlage

Dieses Thema ist z.Z. wieder höchst aktuell, denn die Haltbarkeit unter extrem klimatischen Bedingungen muß garantiert werden.

Die sogenannten Flächenlötungen sind unmittelbar mit dem klassischen REHBINDER-Effekt verbunden.

Der REHBINDER-Effekt beinhaltet die schnelle Ausbreitung von Schmelzen auf ihrer Unterlage. Die Transportwege, das sind Risse, Spalten, Versetzungen, Korngrenzen usw., tragen zur schnellen Ausbreitung der Schmelze bei, so daß die VOLMER-Diffusion vernachlässigt werden kann.

Die drei Arten der Ausbreitung metallischer Schmelze auf metallischer Unterlage und die entsprechende Enthalpierichtung zeigt die Abb. 1.

1. REHBINDER-Effekt	Oberflächenspannung	>	Zwischennmolekulare Kräfte
2. Lötprozesse	Oberflächenspannung	<	Zwischenmolekulare Kräfte
3. Eutektikum	Oberflächenspannung	=	Zwischenmolekulare Kräfte

Abb. 1 Die 3 Arten der Ausbreitung metallischer Schmelze auf metallischer Unterlage und die entsprechende Enthalpierichtung

Beim REHBINDER-Effekt ist die Oberflächenspannung größer als die zwischenmolekularen Kräfte. Die Lötprozesse sind auf die größeren zwischenmolekularen Kräfte zurückzuführen. Bei der Eutektikumsbildung ist die Oberflächenspannung gleich den zwischenmolekularen Kräften. Die Abb. 2 zeigt den allgemeinen und den klassischen REHBINDER-Effekt. Kornflächen und Korngrenzen, die z.B. als Transportwege auftreten können, zeigt Abb. 3. Durch eine Kornflächenätzung ist es möglich, diese Transportwege gut sichtbar zu machen (Abb. 4). Auf eine Ni-Platte wurde Gold ringförmig aufgedampft. Danach wurde es 50 Stunden im H_2-Strom getempert und anschließend eine Ni-Kornflächenätzung durchgeführt. Nach nochmaliger 50stündiger Temperung und anschließender Kornflächenätzung ist deutlich zu

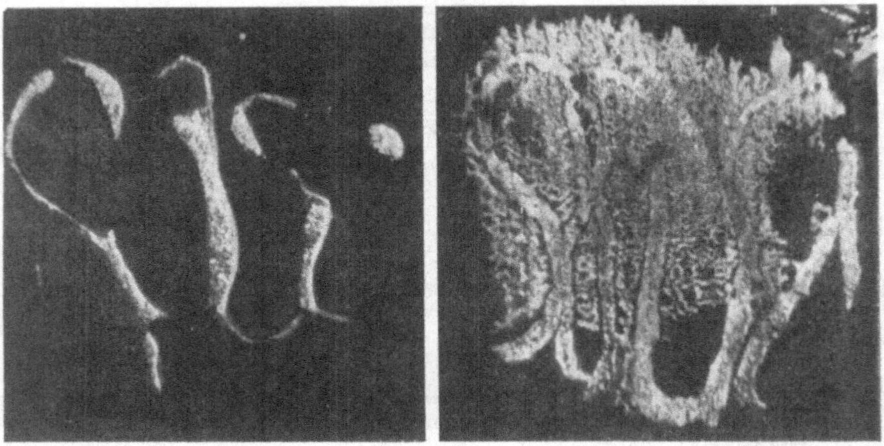

Abb. 2 Cu (links) und Ag (rechts) auf Ni-Blech in H_2-Atmosphäre gleichzeitig geschmolzen

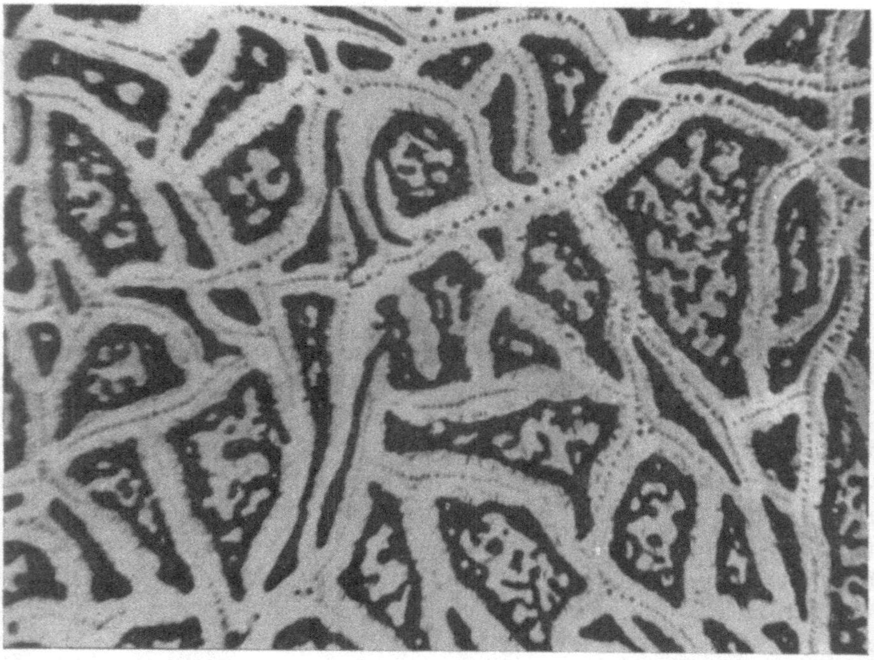

Abb. 3 Korngrenzen und Kornflächen als möglicher Transportweg für die Schmelze

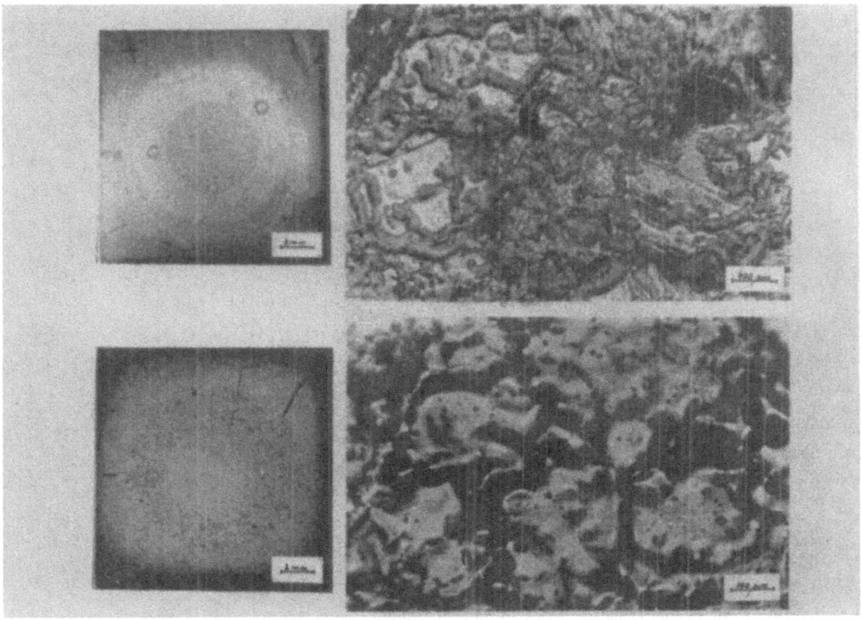

Abb. 4 Ni-Platte ringförmig mit Au bedampft.
Obere Reihe: 50 h im H_2-Strom getempert und anschließend Kornflächenätzung.
Untere Reihe: Nach 100 h Temperung im H_2-Strom und Kornflächenätzung

sehen, wie sich das Gold ausgebreitet hat. Der Goldring ist nicht mehr so scharf abgrenzbar.

Durch experimentelle Beobachtungen gelang es, den REHBINDER-Effekt zu erweitern.

Dieser Sonderfall, die Mikropunktlötung, die weitab vom Gleichgewicht stattfindet, steht im scheinbaren Widerspruch zum klassischen REHBINDER-Effekt. Wie die Abb. 1 zeigte, sind bei den Lötprozessen die zwischenmolekularen Kräfte zwischen der Unterlage und der Schmelze wesentlich größer als die Oberflächenspannung, d.h., die Bildungsenthalpie der Mischphase macht einen thermodynamischen Sprung. Dieser Effekt ist sehr instationär und bei der richtigen Ausführung der Punktlötung muß für ein schnelles Erstarren gesorgt werden. Die Abb. 5 zeigt nebeneinander die Punktlötung (Cu-Kugel auf Ni-Netz) und die Flächenlötung (Cu-Fläche auf Ni-Netz). Auf Grund verschiedener Wachstumsgeschwindigkeiten der Keime kommt es zur Ausbildung unterschiedlicher Strukturen auf der Cu-Kugel-Oberfläche. Bei langsamer Abkühlung zeigen sich sogenannte Schichtenstrukturen und bei schneller Abkühlung kommt es zur Ausbildung von Dendriten (Abb. 6). Die Schichten-

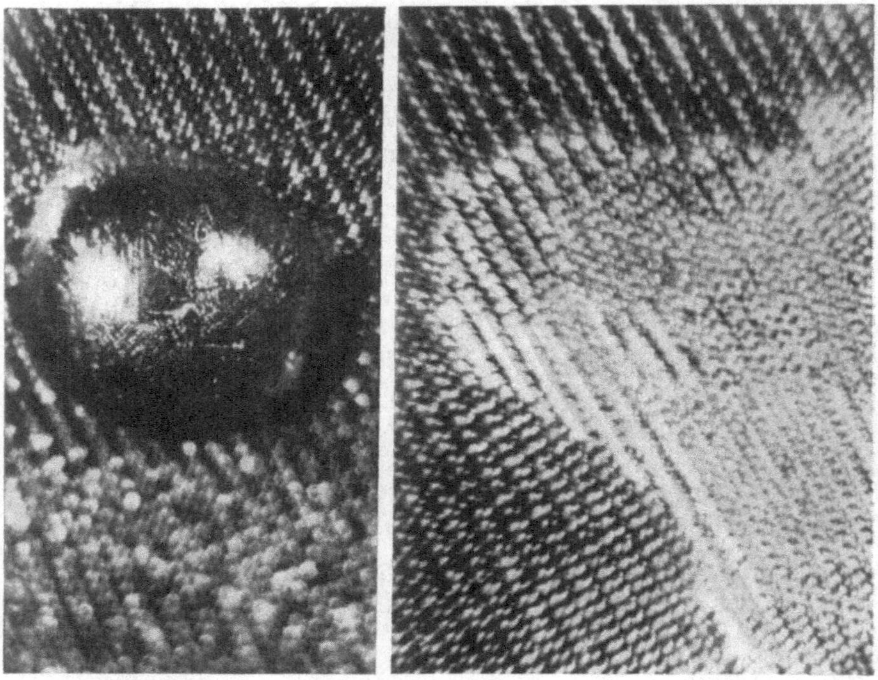

Abb. 5 Cu (l) auf Ag (r) auf Ni-Netz in H_2-Atmosphäre geschmolzen (links Punktlötung, rechts Flächenlötung)

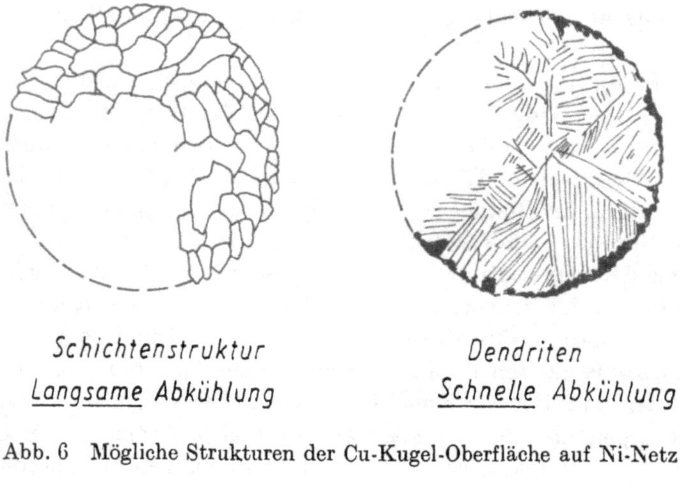

Abb. 6 Mögliche Strukturen der Cu-Kugel-Oberfläche auf Ni-Netz

strukturen sind noch einmal in den Abb. 7 und 8 zu sehen. Die Erstarrungsvorgänge regulieren sich hier nach dem VOLMER-KOSSEL-STRANSKY-Mechanismus, d.h. Wachstum aus Halbkristallagen.

Bei der schnellen Abkühlung nimmt die Keimzahl während der Unterkühlung zu und die Wachstumsgeschwindigkeit nimmt ab, so daß es zu weniger geordneten Ausbildungsformen der Metalloberfläche kommt. Die dabei entstehenden Formen werden als Dendriten bezeichnet (Abb. 9). Die Abb. 10 zeigt noch einmal Dendriten in der Vergrößerung.

Bei den Mischphasen kam es uns darauf an, das Erstarren der Schmelzen schichtweise zu simulieren. Die Abb. 11 zeigt Ag und Cu auf Ni-Netz. Die verschiedenen Komponenten haben sich verschieden schnell ausgebreitet bei der Eutektikumsbildung. Es hat sich ein gut sichtbarer Hof ausgebildet.

Das Eutektikum bildet sich, wenn etwa 80% der Schmelzpunkttemperatur des Partners mit dem niedrigsten Schmelzpunkt erreicht ist. Die Abb. 12 zeigt die Mischphase Ag und Cu auf Ni-Blech. Eine Vergrößerung der Eutektikumszone ist in Abb. 13 zu sehen.

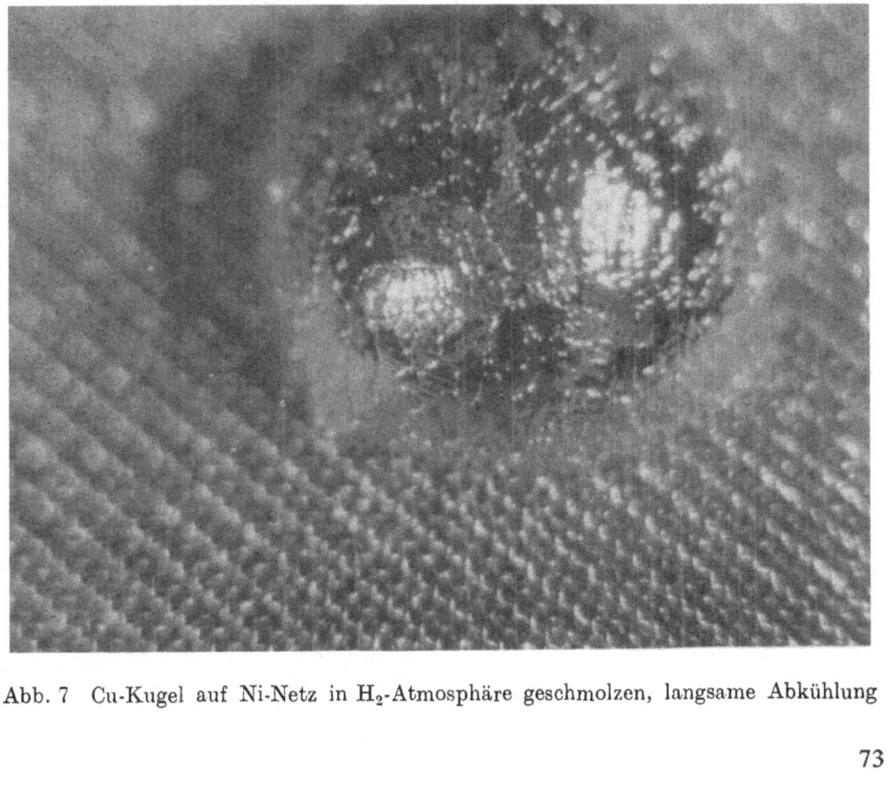

Abb. 7 Cu-Kugel auf Ni-Netz in H_2-Atmosphäre geschmolzen, langsame Abkühlung

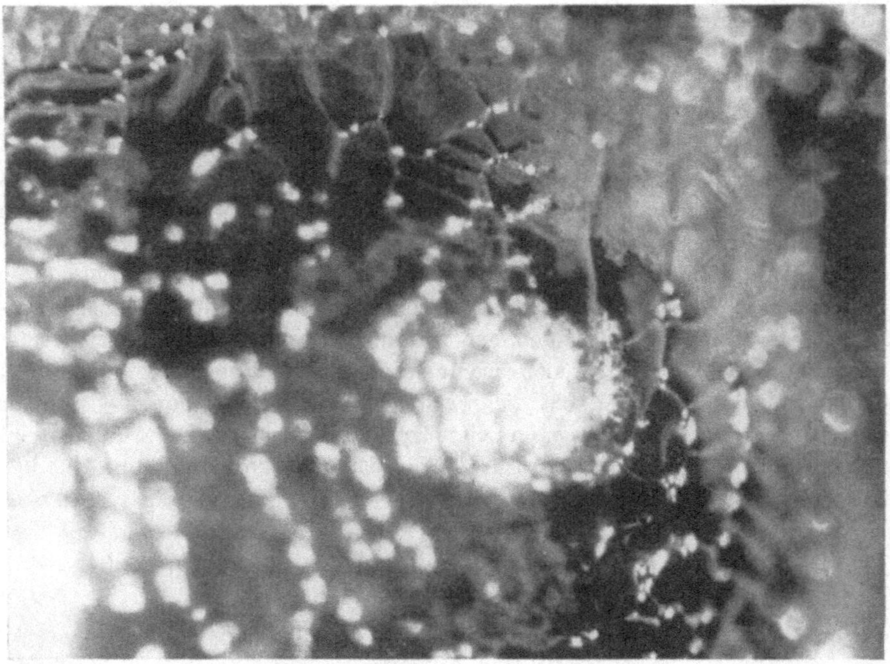

Abb. 8 Vergrößerung der Schichtenstruktur

Abb. 9 Cu-Kugel auf Ni-Netz in H_2-Atmosphäre geschmolzen, schnelle Abkühlung

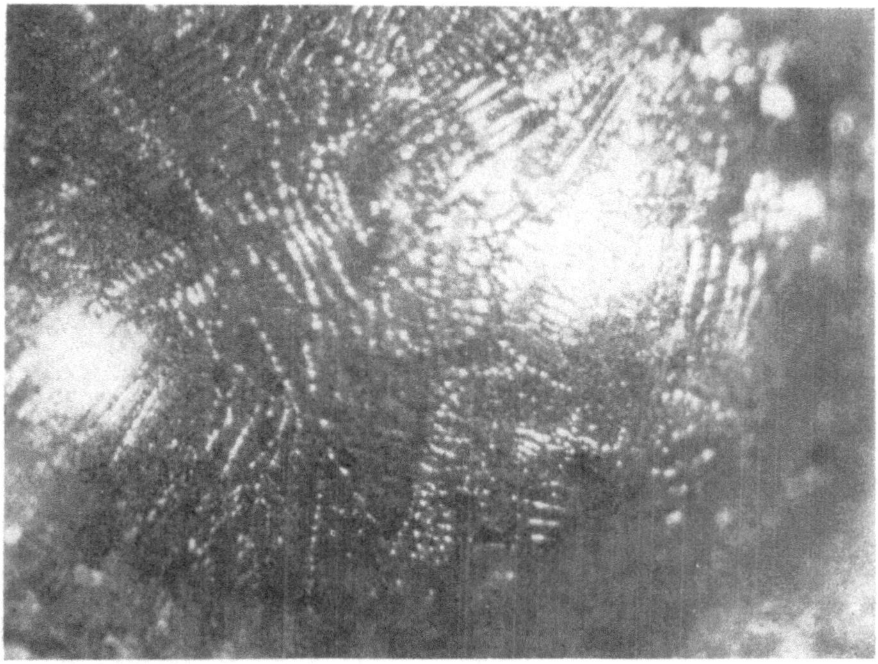

Abb. 10 Vergrößerung der Dendriten

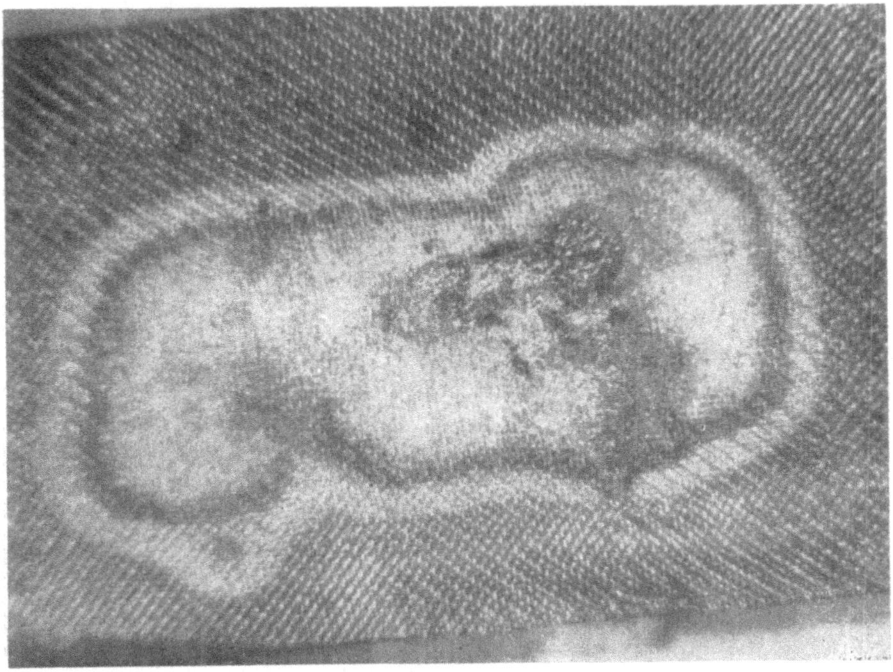

Abb. 11 Ag und Cu auf Ni-Netz in H_2-Atmosphäre geschmolzen

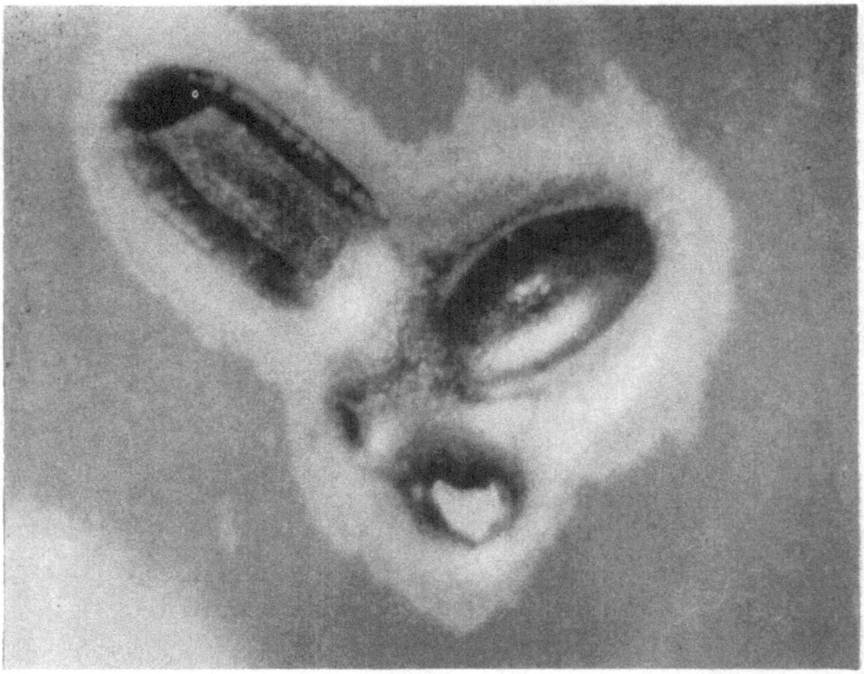

Abb. 12 Ag und Cu (Mischphase) auf Ni-Blech in H_2-Atmosphäre geschmolzen

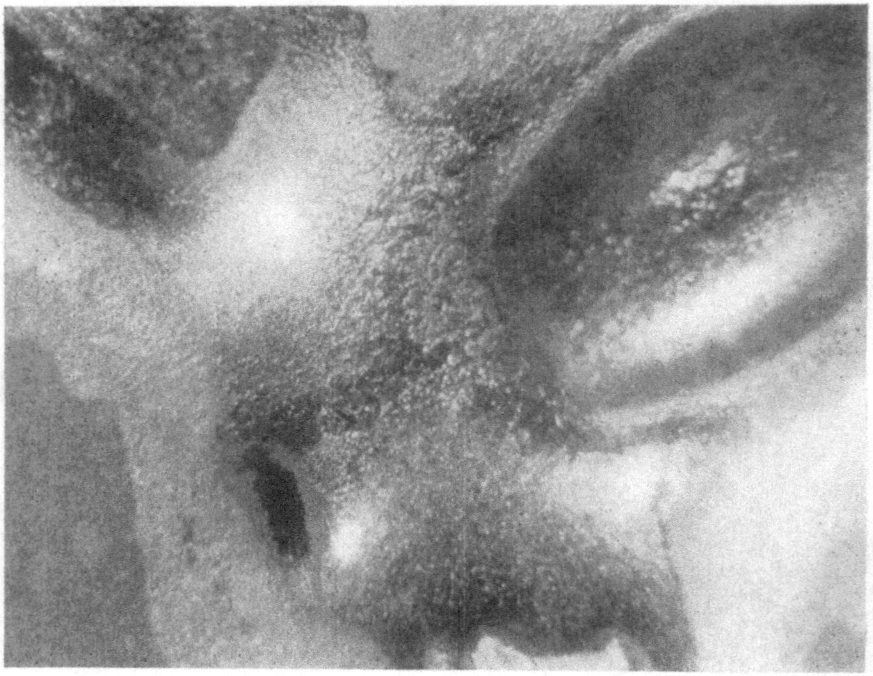

Abb. 13 Vergrößerung der Eutektikumszone Ag—Cu auf Ni-Blech in H_2-Atmosphäre geschmolzen

Sehr interessant ist die Abb. 14, bei der Au und Ag auf eine Ni-Netz-Unterlage gebracht wurden. Mit dem Grundmetall hat sich eine Legierung mit bedeutend niedrigerem Schmelzpunkt als der Löttemperatur gebildet. Diese Legierung ist bei dem langandauernden Erhitzungsprozeß in dem Ofen aus der Lötstelle abgeflossen, und es ist ein Loch entstanden. Man sagt: „Ein solches Lot leckt.“

Die Abb. 15 zeigt ein Eutektikum aus den Partnern Au, Ag und Cu auf Ni-Blech. Die Eutektikumszone (Abb. 16) ist sehr deutlich an der Stelle zu sehen, an der sich die drei Partner berühren.

Die Arbeiten sind noch nicht abgeschlossen. Es fehlt noch die Phasenkontrolle, um die elementaren Schritte einzeln zu verfolgen.

Über diese Arbeiten hat unser hochverehrter Herr Prof. Thiessen bereits anläßlich des 50. Jahrestages der Entdeckung des Rehbinder-Effektes in Moskau berichtet.

Abb. 14 Au und Ag auf Ni-Netz-Unterlage in H_2-Atmosphäre geschmolzen

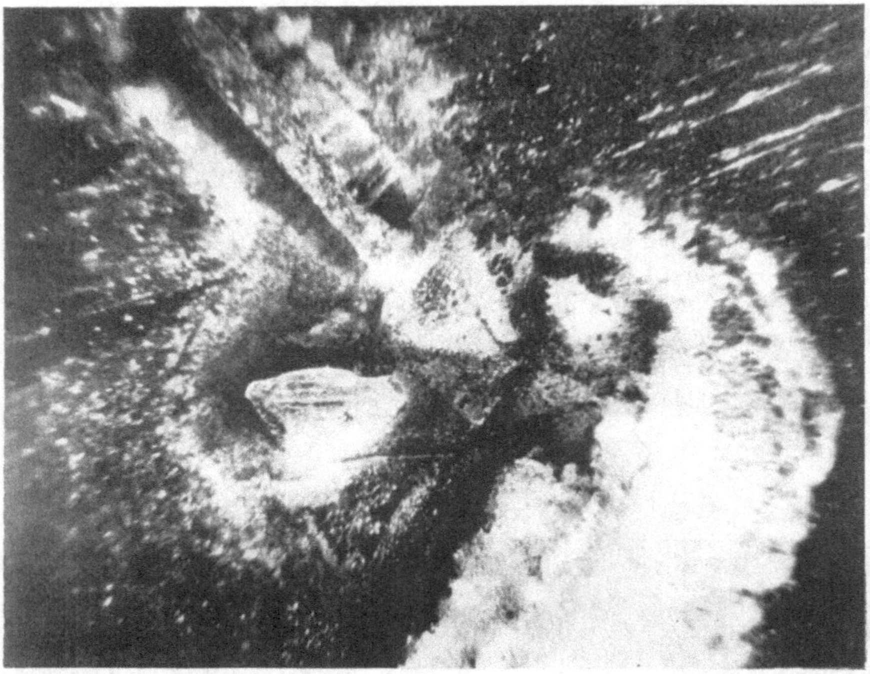

Abb. 15 Au, Ag und Cu auf Ni-Blech

Abb. 16 Vergrößerung der Eutektikumszone Au—Ag—Cu auf Ni-Blech-Unterlage

R. Radeglia und S. Dähne

Lösungsmitteleffekte und ^{15}N-NMR-chemische Verschiebungen

„Viele Versuche führten zu der im höchsten Maße zu beachtenden Erfahrung. daß auf den Molekularzustand gelöster Stoffe die Natur des Lösungsmittels vom allergrößten Einflusse ist". W. Nernst [1]

Die Wechselwirkung gelöster Stoffe mit dem Lösungsmittel beeinflußt die physikalischen und chemischen Eigenschaften des Stoffes. Insbesondere stark polare Molekeln reagieren empfindlich auf die „Polarität" des Mediums, weshalb meßbare Veränderungen ihrer Eigenschaften direkt als empirische Maßzahl für die Lösungsmittelpolarität dienen können [2].

Mit verschiedenen molekülspektroskopischen Methoden – UV/V-, IR-, ^{1}H- und ^{13}C-NMR – konnten wir früher experimentell nachweisen und theoretisch untermauern, daß die π-Elektronenstruktur von einfachen Merocyanin-Polymethinen (vinylogen Formamiden) der Struktur

$$\overset{(n+3)\,\pi\cdots}{(CH_3)_2N-(CH)_n-O} \qquad n = 1, 3, 5, 7$$

besonders empfindlich auf die Lösungsmittelpolarität reagiert [3, 4]. Dies wird deutlich, wenn die einfachen Grenzstrukturen des mesomeren Gleichgewichtes betrachtet werden:

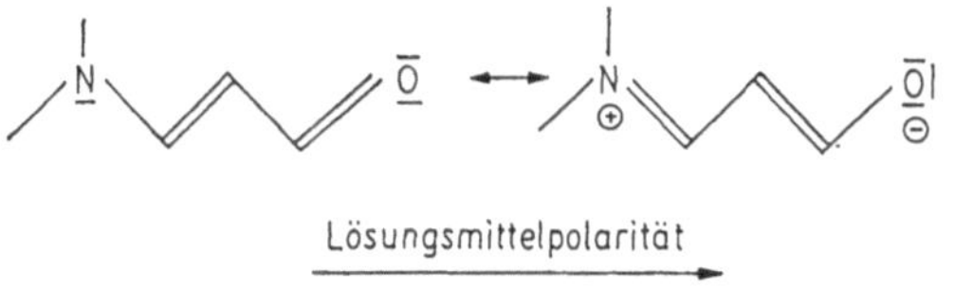

Obwohl diese Darstellung die wahren Bindungsvorhältnisse nur sehr grob widerspiegelt, wird verständlich, daß in polaren Lösungsmitteln die dipolare Grenzstruktur stärker stabilisiert wird und damit die π-Elektronendichte am Stickstoffatom sinken und die π-N—C-Bindungsordnung wachsen sollte.

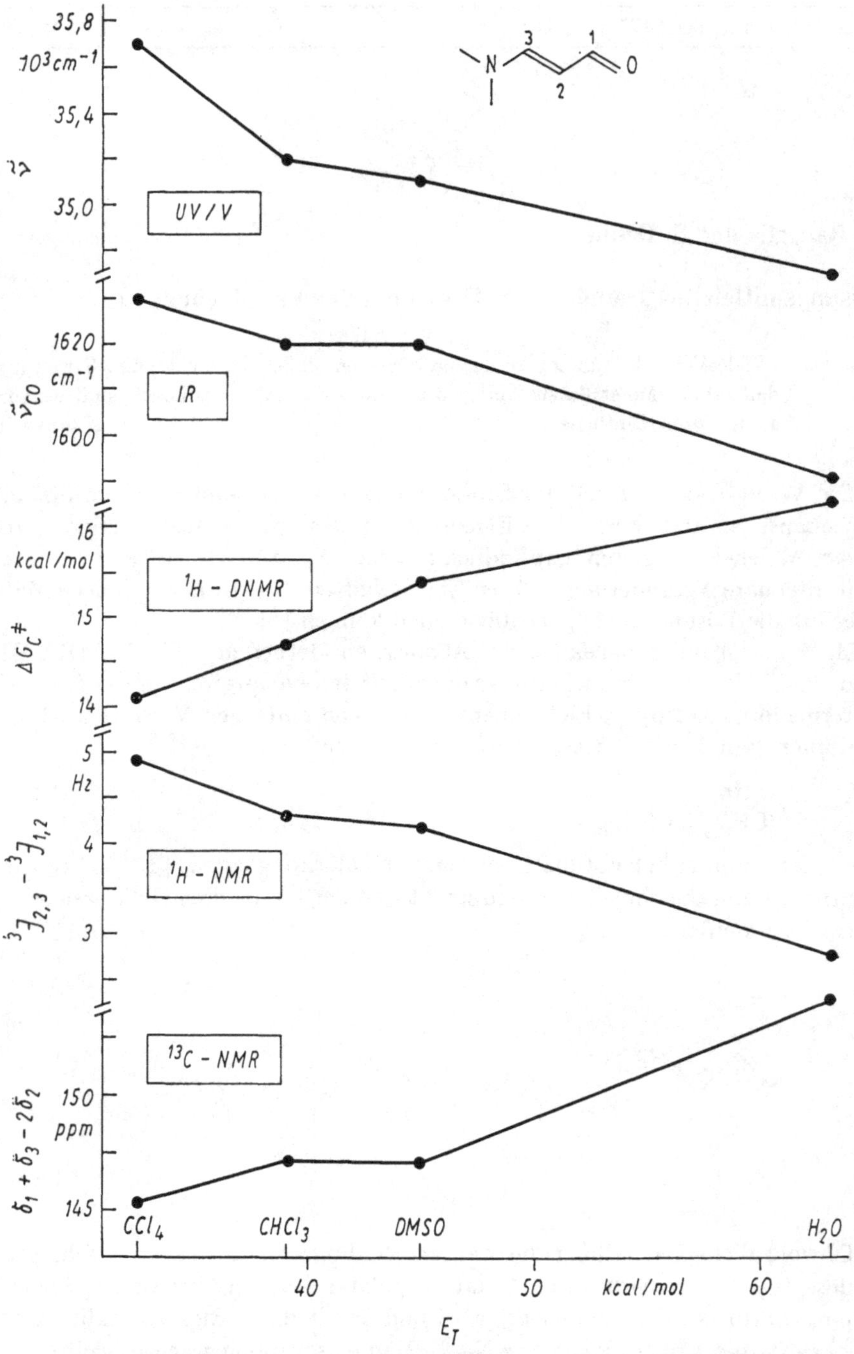

Abb. 1 Verschiedene molekülspektroskopische Parameter des Trimethin-Merocyanins in Abhängigkeit vom Polaritätsparameter E_T des Lösungsmittels

In Abb. 1 sind früher von uns gemessene spektroskopische Parameter des Trimethin-Merocyanins ($n = 3$) gelöst in verschiedenen Lösungsmitteln [3, 4] dargestellt. Als Maßzahl der Lösungsmittelpolarität wurden die E_T-Werte nach REICHARDT [2] verwendet. Mit wachsender Polarität der Lösungsmittels wird die Wellenzahl der langwelligsten Lichtabsorption (UV/V) zu kleineren Werten verschoben (positive Solvatochromie). Entsprechend sinkt auch die Wellenzahl der Carbonylbande (IR), weil die C—O-Bindungsordnung abnimmt. Die vicinalen H—H-Kopplungskonstanten (^{1}H-NMR) als Maß der entsprechenden C—C-Bindungsordnungen und die ^{13}C-chemischen Verschiebungen (^{13}C-NMR), welche die π-Elektronendichten an den CH-Methinbauelementen charakterisieren, zeigen deutliche Veränderungen, die direkt theoretisch interpretiert werden konnten [3, 4].

Mittels dynamischer Protonenresonanzspektroskopie (^{1}H-DNMR), d. h. der Verfolgung der Linienform der ^{1}H-NMR-Signale der Dimethylaminogruppe als Funktion der Temperatur, konnten wir auch die freie Aktivierungsenthalpie $\Delta G_c^{\ddagger}$ der Rotation der $(CH_3)_2N$-Gruppe um die C—N-Bindung in Abhängigkeit von der Polarität des Lösungsmittels bestimmen [4]. Mit wachsender Lösungsmittelpolarität steigt $\Delta G_c^{\ddagger}$, weil der partielle Doppelbindungsgrad p_{CN} der C—N-Bindung wächst.

Kürzlich wurde von G. J. MARTIN und Mitarbeitern [5] gezeigt, daß bei verschiedenen Amiden die Barrierenhöhe der behinderten Rotation der $(CH_3)N$ Gruppe direkt mit der ^{15}N-NMR-chemischen Verschiebung $\delta(^{15}N)$ korreliert ist. Da unsere o.g. Untersuchungen der behinderten Rotation in Abhängigkeit von Kettenlänge n und Lösungsmittelpolarität [4] eindeutige Zusammenhänge erkennen ließen, haben wir ergänzende ^{15}N-NMR-Fouriertransform-Messungen (mit ^{1}H-Breitbandentkopplung) der ^{15}N-angereicherten Merocyanine durchgeführt, um zu prüfen, ob auch die Lösungsmittelabhängigkeit der Parameter $\Delta G_c^{\ddagger}$ und $\delta(^{15}N)$ der von MARTIN gefundenen Korrelationsbezeichnung gehorcht. Ergänzende quantenchemische Berechnungen auf der Grundlage der einfachen HÜCKEL-MO-Methode wurden zur theoretischen Stützung der experimentellen Befunde herangezogen[1].

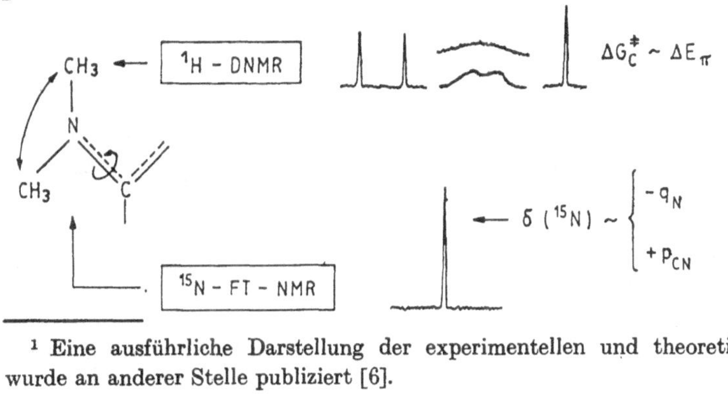

[1] Eine ausführliche Darstellung der experimentellen und theoretischen Ergebnisse wurde an anderer Stelle publiziert [6].

In Abb. 2a ist die Kettenlängenabhängigkeit der ^{15}N-chemischen Verschiebung der Merocyanine (0,5 molare Lösung in $CDCl_3$) dargestellt. Mit wachsender Kettenlänge wird das ^{15}N-NMR-Signal zu höherem Magnetfeld verschoben (kleinere δ-Wert). In Abb. 2b sind die quantenchemischen Parameter q_N und p_{CN} ebenfalls für verschiedene Kettenlängen n aufgetragen. Während die π-Elektronendichte am Stickstoff q_N weitestgehend konstant bleibt, wird die C—N-Bindungsordnung p_{CN} mit wachsender Kettenlänge n erniedrigt. Aus der Theorie der chemischen Verschiebung schwerer Kerne wissen wir, daß δ ansteigt, wenn q_N absinkt bzw. p_{CN} wächst [7]. Dabei sollte die chemische Verschiebung δ etwa doppelt so empfindlich auf Veränderungen von q_N als auf solche von p_{CN} reagieren. Weil nun q_N nahezu unabhängig von n ist, wird die Kettenlängenabhängigkeit der ^{15}N-chemischen Verschiebung der Merocyanine nur von der C—N-Bindungsordnung p_{CN} kontrolliert. Andererseits ist die Änderung der berechneten π-Elektronenenergien ΔE_π, die man bei einer Verdrehung der Dimethylaminogruppe um 90° aus der Molekülebene erhält, und die ein Maß für das Behinderungspotential $\Delta G_c^{\neq}$ darstellt, linear mit der Bindungsordnung p_{CN} verknüpft. Die gemeinsame Abhängigkeit der experimentellen Parameter $\Delta G_c^{\neq}$ und $\delta(^{15}N)$ von p_{CN} ist somit die theoretische Ursache für die von MARTIN [5] gefundene Korrelationsbeziehung.

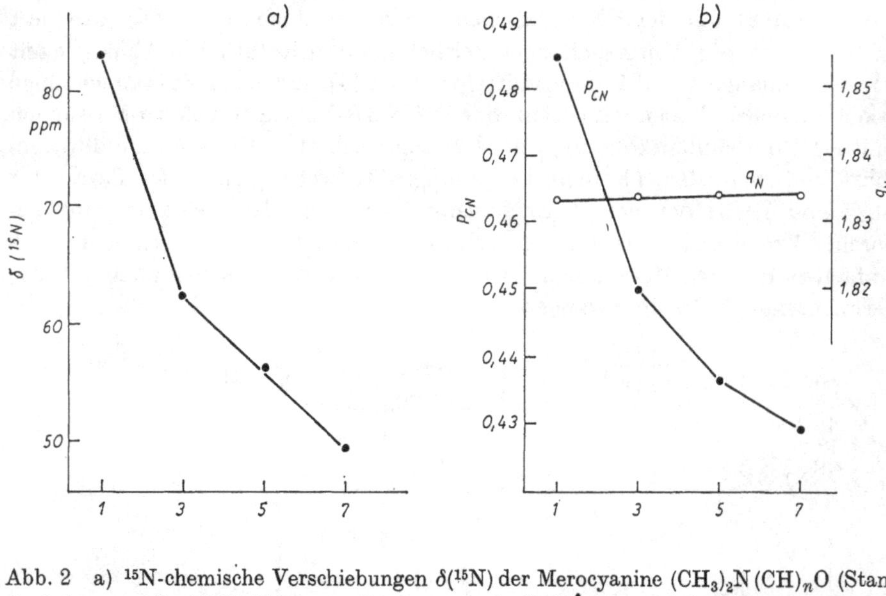

Abb. 2 a) ^{15}N-chemische Verschiebungen $\delta(^{15}N)$ der Merocyanine $(CH_3)_2N(CH)_nO$ (Standard: konz. wäßr. $^{15}NH_4Cl$-Lösung, Lösungsmittel: $CDCl_3$, Konz.: 0,5 mol/l) in Abhängigkeit von der Kettenlänge n

b) π-Elektronendichte q_N und π-Bindungsordnung p_{CN} in Abhängigkeit von der Kettenlänge n

Die ^{15}N-chemische Verschiebung der Merocyanine hängt außerordentlich stark von der Polarität des Lösungsmittels ab, wie Abb. 3 für das Beispiel des Trimethin-Merocyanins zeigt. Weil ^{15}N-chemische Verschiebungsdifferenzen auf etwa 0,05 ppm genau bestimmbar sind, kann diese Meßgröße als direktes, bequem zu bestimmendes Maß für die Lösungsmittelpolarität angesehen werden.

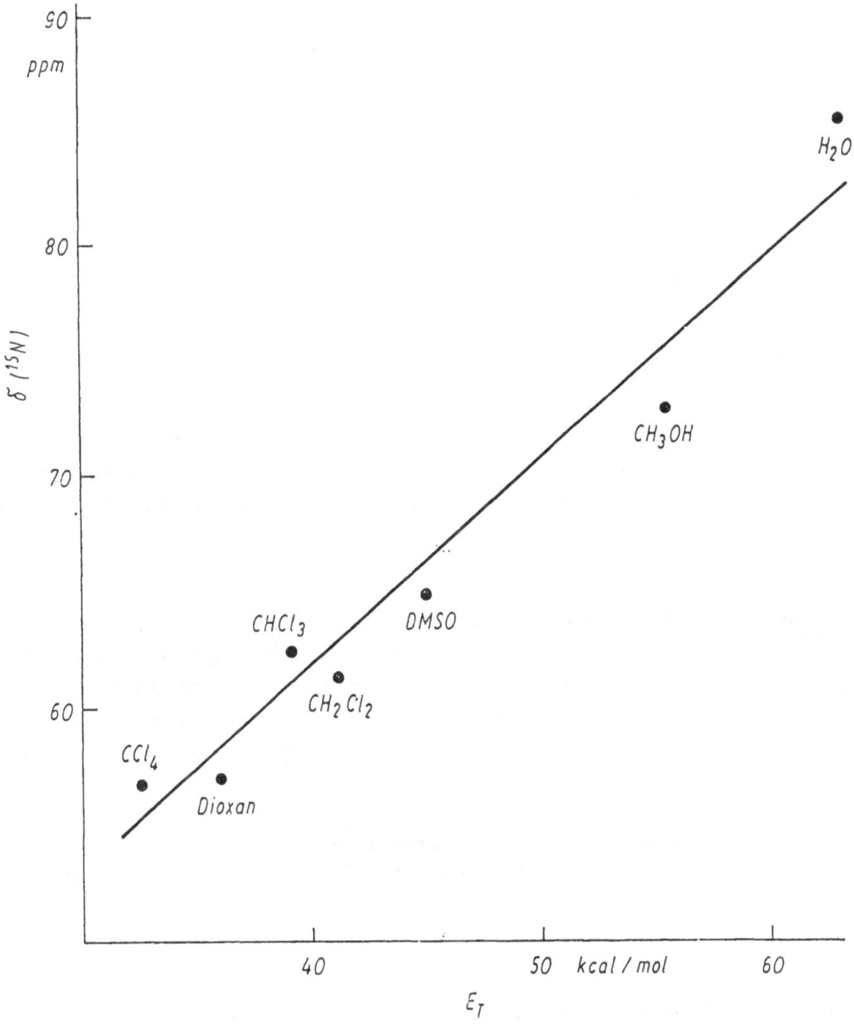

Abb. 3 ^{15}N-NMR-chemische Verschiebung $\delta(^{15}N)$ vom Trimethin-Merocyanin in Abhängigkeit vom Polaritätsparameter E_T des Lösungsmittels

Aus Abb. 4 geht klar hervor, daß im Vergleich zur Kettenlängenabhängigkeit (bei konstantem Lösungsmittel) die Abhängigkeit vom Lösungsmittel für die Verschiebung $\delta(^{15}N)$ wesentlich stärker ausgeprägt ist als für das Behinderungspotential $\Delta G_c^{\neq}$. Auch dieser Befund kann in Zusammenhang mit den oben angegebenen Grenzstrukturen eindeutig interpretiert werden.

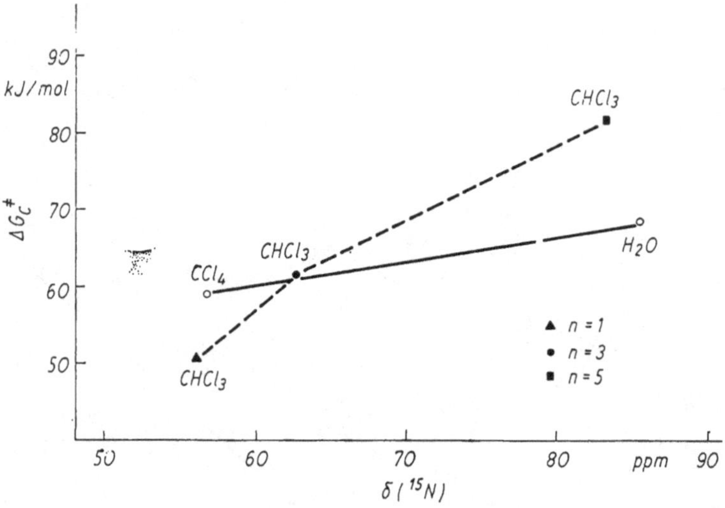

Abb. 4 Die Beziehung zwischen der freien Aktivierungsenthalpie $\Delta G_c^{\neq}$ der gehinderten freien Rotation der Dimethylaminogruppe und der ^{15}N-chemischen Verschiebung $\delta(^{15}N)$ des Trimethinmerocyanins in unterschiedlichen Lösungsmitteln (durchgezogene Linie) und der vinylogen Merocyanine in Chloroform (gestrichelte Linie)

Im polaren Lösungsmittel werden die π-Bindungsordnung p_{CN} erhöht und die π-Elektronendichte q_N erniedrigt. Beide Veränderungen bewirken eine Vergrößerung der ^{15}N-chemischen Verschiebung $\delta(^{15}N)$, während nur die vergrößerte Bindungsordnung p_{CN} eine Erhöhung des Behinderungspotentials $\Delta G_c^{\neq}$ bewirkt. Diese Interpretation konnte durch quantenmechanische Störungsrechnungen belegt werden [6].

Frau B. Bornowski (ZOS) danken wir für die Herstellung der ^{15}N-markierten Merocyanine und Frau Dr. R. Wolff (ZIPC) für die Durchführung der HMO-Berechnungen.

Literatur

[1] W. Nernst, Theoretische Chemie, Verlag Ferd. Enke, 7. Aufl. 1913, S. 499.

[2] Chr. Reichardt, Lösungsmittel-Effekte in der organischen Chemie, Chemische Taschenbücher Bd. 4, Verlag Chemie, Weinheim/Bergstr., 1. Aufl. 1969, 2. Aufl. 1973;

Solvent Effects in Organic Chemistry, Monographs in Modern Chemistry, Vol. 3, Verlag Chemie, Weinheim-New York 1979.
[3] S. Dähne, D. Leupold, H.-E. Nikolajewski u. R. Radeglia, Z. Naturforsch. **20b** (1965) 1006;
R. Radeglia u. S. Dähne, J. Mol. Strukt. **5** (1970) 399;
S. Dähne, F. Schob, K.-D. Nolte u. R. Radeglia, Ukrain. Chim. Ž. **41** (1975) 1170;
K.-D. Nolte u. S. Dähne, Adv. Molec. Relax. Interact. Processes **10** (1977) 299;
R. Radeglia, G. Engelhardt, E. Lippmaa, T. Pehk, K.-D. Nolte u. S. Dähne, Org. Magn. Resonance **4** (1972) 571.
[4] R. Radeglia, Z. phys. Chem. (Leipzig) **235** (1967) 335 und Habilitationsschrift, Humboldt-Universität Berlin 1969.
[5] G. J. Martin, J. P. Gouesnard, J. Dorie, C. Rabiller u. M. L. Martin, J. Amer. Chem. Soc. **99** (1977) 1381.
[6] R. Radeglia, R. Wolff, B. Bornowski u. S. Dähne, Z. phys. Chem. (Leipzig) **261** (1980) 502.
[7] H. Hartmann u. R. Radeglia, J. prakt. Chem. **317** (1975) 657.

H. Stach und K. Fiedler

Experimentelle und theoretische Untersuchungen zur Wechselwirkung von Gasen unterschiedlicher Struktur und Eigenschaften mit zeolithischen Molekularsieben

Als vor einigen Jahren einer der Autoren dieses Vortrages begann, sich mit der Adsorptionstheorie zu beschäftigen, wiesen Sie ihn auf die Bedeutung und Berechnungsmöglichkeiten des zwischenmolekularen Wechselwirkungspotentials zwischen Gasen und dem zeolithischen Festkörper hin. Dieser Hinweis war nicht nur als erste Orientierung sehr wertvoll, sondern auch in den folgenden Jahren sehr wichtig, als diese Art der Berechnung von Adsorptionsenergien von vielen Wissenschaftlern stark kritisiert wurde. Es zeigte sich jedoch, daß es keinen anderen Erfolg versprechenden Weg gab. In konsequenter Verfolgung ihres damaligen Vorschlages wurden eine Reihe von experimentellen und theoretischen Ergebnissen erzielt, über die hier — in angemessener Kürze – zusammenfassend berichtet werden soll.

1. Einführung

Zeolithische Molekularsiebe – hochselektiv wirkende mikroporöse Adsorbentien – werden bekanntlich in steigendem Maße für technische adsorptive Stofftrennverfahren eingesetzt. Dadurch konnten sowohl bekannte Verfahren durch Steigerung der Durchsatzleistung und der Trennwirksamkeit verbessert. als auch völlig neue Trennprozesse entwickelt werden. Gegenwärtig sind mehr als 90 technische Stofftrennprozesse bekannt, für die Zeolithe verwendet werden [1]. In Tab. 1 sind einige Einsatzmöglichkeiten angegeben. Diesen viel-

Tabelle 1 Anwendungsbeispiele zeolithischer Molekularsiebe

Abtrennung der *n*-Paraffine aus Erdöldestillaten (Parex-Verfahren)
Abtrennung von *n*-Olefinen aus Olefin-Paraffin-Gemischen (Olex-Prozeß)
Abtrennung von iso-Buten aus iso-Buten/*n*-Buten-Gemischen (Olefinsiv-Prozeß)
Abtrennung von Aromaten (mono- und dizyklische) aus Erdölfraktionen
Entfernung von Kohlendioxyd und Wasser aus Luft
Entfernung von Wasser und Schwefelverbindungen aus Erdgas
Sauerstoffanreicherung der Luft durch selektive Entfernung von Stickstoff

fältigen Möglichkeiten einer praktischen Anwendung steht ein unbefriedigender Zustand der theoretischen Durchdringung der Gleichgewichtsadsorption – aber auch der Adsorptionskinetik und -dynamik gegenüber. Die quantitativen Daten des Adsorptionsgleichgewichtes müssen immer noch praktisch ausnahmslos durch experimentelle Untersuchungen ermittelt werden.

Eine exakte Behandlung des Adsorptionsgleichgewichtes verlangt die genaue Kenntnis aller im geforderten Temperaturbereich wahrscheinlichen Adsorptionszustände, die nur auf der Basis quantenchemischer Ansätze für schwache Wechselwirkungen zu erhalten sind. Trotz bereits erbrachter erheblicher Leistungen bei Einzeleffekten und zu erwartender wesentlicher Fortschritte in der Behandlung größerer räumlicher Ausschnitte zeolithischer Adsorptionssysteme reichen gegenwärtig die von der Quantenchemie zur Verfügung gestellten Daten noch nicht aus, um vor allem für komplizierte Adsorptive relevante Ergebnisse zu erzielen. Daher sind theoretische Auswertungen insbesondere in zwei Richtungen konzipiert:

1. Unter der Voraussetzung der Gültigkeit einfacher Adsorptionsmodelle und der Verwendung thermodynamischer oder gesicherter halbempirischer Beziehungen wird der Umfang der notwendigen experimentellen Daten zur Bestimmung eines Adsorptionsgleichgewichtes minimiert.

2. Mit Hilfe der statistischen Thermodynamik wird zunächst das makroskopische Verhalten des Adsorptionssystems auf das Verhalten kleiner thermodynamischer Teilsysteme zurückgeführt. Diese Teilsysteme lassen sich mit einfacheren Mitteln behandeln als das Gesamtsystem. Die Wechselwirkungen des Gases mit dem zeolithischen Festkörper können mit Hilfe empirischer Potentiale (auch unter Einsatz der Monte-Carlo-Methode zur Bestimmung der thermodynamischen Eigenschaften dieser Teilsysteme) untersucht werden. Andererseits können experimentell erhaltene Informationen über das Gesamtsystem aufgelöst werden nach Kenngrößen des thermodynamischen Verhaltens der Teilsysteme. Dadurch ist ein Vergleich zwischen theoretischen und experimentellen Ergebnissen auf der Ebene der wesentlich übersichtlicheren Teilsysteme, die in vielen Fällen gleich den zeolithischen Hohlräumen in bestimmten Molekülbesetzungszuständen sind, möglich.

Die vorliegende Arbeit stellt einen Beitrag zu beiden Arbeitsrichtungen dar und faßt eine Reihe von Einzelergebnissen zusammen.

2. Methodisches

Für die experimentellen Untersuchungen wurden die Methoden der Messungen von Isosteren und Isothermen sowie der kalorimetrischen Adsorptionswärmen und auch spektroskopische Methoden eingesetzt. Da diese Methoden bekannt sind und auch in mehreren Diplom- und Promotionsarbeiten detailliert beschrieben wurden [2, 3, 4], soll hier nicht näher darauf eingegangen werden. Die zeolithischen Molekularsiebe waren kristalline Pulver ohne Zusatz von

Bindemitteln. Sie wurden teilweise vom VEB Chemisches Kombinat Bitterfeld bezogen (NaCaA, NaMgA) oder im Laboratorium synthetisiert (NaX, NaY). Ihre chemische Zusammensetzung und weitere Eigenschaften sind in Tab. 2 zusammengefaßt.

Für die Berechnung der Adsorptionsenergie von CH_2-Gruppen, einigen Edelgasen, Ammoniak und H_2O wurde ein LENNARD-JONES-Potential verwendet [5]. In Tab. 3 sind die einzelnen Terme und Gleichungen für den Fall der Be-

Tabelle 2 Eigenschaften der für die Untersuchung verwendeten Zeolithe

Zeolith	Zusammensetzung der Elementarzelle 1)	Gitterkonstante [Å]	Zahl der Hohlräume pro g Zeolith	OH-Gruppen pro Hohlraum 3)
NaMgA	$Na_{8,9}Mg_{16}[(AlO_2)_{12}(SiO_2)_{12}]$	12,27	$4{,}53 \cdot 10^{20}$	1,5
NaCaA	$Na_{2,4}Ca_{4,8}[(AlO_2)_{12}(SiO_2)_{12}]$	12,33	$4{,}48 \cdot 10^{20}$	2,2
NaX 2)	$Na_{82}H_2[(AlO_2)_{84}(SiO_2)_{108}]$	24,93	$3{,}68 \cdot 19^{20}$	0 4)
NaY 2)	$Na_{54}H_3[(AlO_2)_{57}(SiO_2)_{135}]$	24,72	$3{,}8 \cdot 10^{20}$	0 4)

1) Bei den A-Zeolithen Pseudo-Elementarzelle

2) Diese Zeolithe werden von Prof. S. P. SHDANOW, Institut für Silikatchemie AdW der UdSSR, Leningrad, bezogen, dem wir herzlich danken

3) Nach Entwässerung bei 400°C im Vakuum (D. FREUDE, H. STACH, Adsorption und Porosität, Verlag Nauka, Moskau, 1976, S. 96)

4) Im Rahmen der Meßgenauigkeit keine OH-Gruppen mehr nachweisbar

Tabelle 3 Gleichungen zur Berechnung der Adsorptionsenergie

$$\Phi^{Ca^{2+}}_{Zeol.-H_2O} = \varphi_D + \varphi_P + \varphi_\mu + \varphi_R \tag{3.1}$$

mit

$$\varphi_D = \sum_j \frac{A_j}{r_j^6}, \quad r_j = |r_{H_2O} - r_j| \tag{3.2}$$

$$\varphi_P = -\frac{1}{2}\alpha_{H_2O}\,\mathfrak{F}^2, \; \mathfrak{F} = \sum_j \frac{q_j}{\varepsilon_0 r_j^2}(r_{H_2O} - r_j) \tag{3.3}$$

$$\varphi_\mu = -\sum_j \mu_{H_2O}\,|\mathfrak{F}|, \quad \varphi_R = \sum_j \frac{B_j}{r_j^{12}} \tag{3.4}$$

$$A_j = \frac{6\,mc^2}{\varepsilon_0\mu_0}\,\frac{\alpha_{H_2O}\,\alpha_j}{\dfrac{\alpha_{H_2O}}{\chi_{H_2O}} + \dfrac{\alpha_j}{\chi_j}}, \qquad \left(\frac{\partial\varphi_{(H_2O\,\ldots\,j)}}{\partial r_j}\right)_{r=r_0} = 0 \curvearrowright B_j \tag{3.5}$$

rechnung der Adsorptionsenergie von Wassermolekülen angegeben. Die Berechnungen erfolgten ausgehend vom Zentrum des Hohlraumes in Richtung auf ausgezeichnete Positionen des Hohlraumes. Das waren im Falle der polaren Moleküle die Kationen, aber auch Sauerstoffringe, wie sich aus Abb. 1 ergibt, in der der Potentialverlauf für CH_2-Gruppen im Hohlraum der zeolitischen Molekularsiebe dargestellt ist.

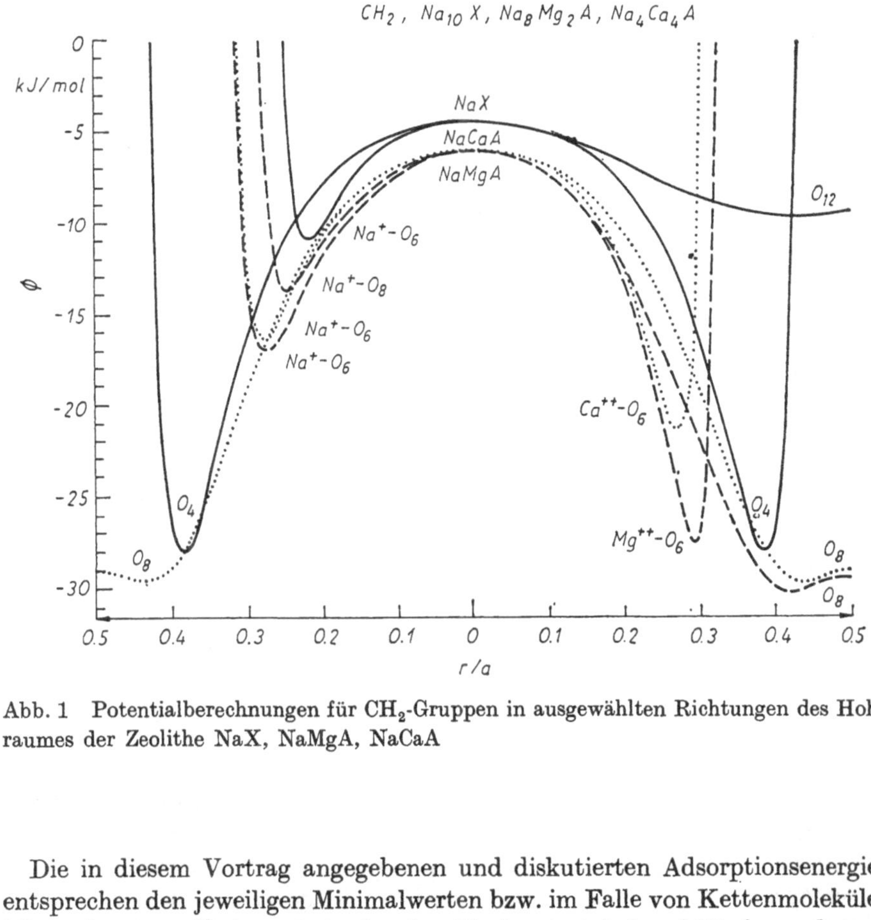

Abb. 1 Potentialberechnungen für CH_2-Gruppen in ausgewählten Richtungen des Hohlraumes der Zeolithe NaX, NaMgA, NaCaA

Die in diesem Vortrag angegebenen und diskutierten Adsorptionsenergien entsprechen den jeweiligen Minimalwerten bzw. im Falle von Kettenmolekülen Minimalwerten, die im entsprechenden Bindungswinkel und Bindungsabstand für die CH_2-Gruppen gefunden werden.

Zur Gewinnung thermodynamischer Adsorbatfunktionen von CH_2-Gruppen und Wasser wurde die Monte-Carlo-Methode eingesetzt. Der Anwendung dieser speziellen Methode auf die Zeolithadsorption galt die Promotionsarbeit von Kretschmer, auf die hier verwiesen werden soll [6].

3. Ergebnisse

In größerem Umfange wurde die *n*-Paraffinadsorption [7, 8. 9] an Zeolithen vom Typ A, X und Y untersucht. Das hatte einerseits seine Ursachen im industriellen Interesse, erschien aber auch aus theoretischen Gründen von Bedeutung. Relative chemische Beständigkeit, einfacher struktureller Aufbau und leicht zu variierende Molekülgröße der *n*-Paraffine sind einige wesentliche Gründe für ihre Auswahl. In Abb. 2 sind die Ergebnisse für den Zeolith NaCaA ange-

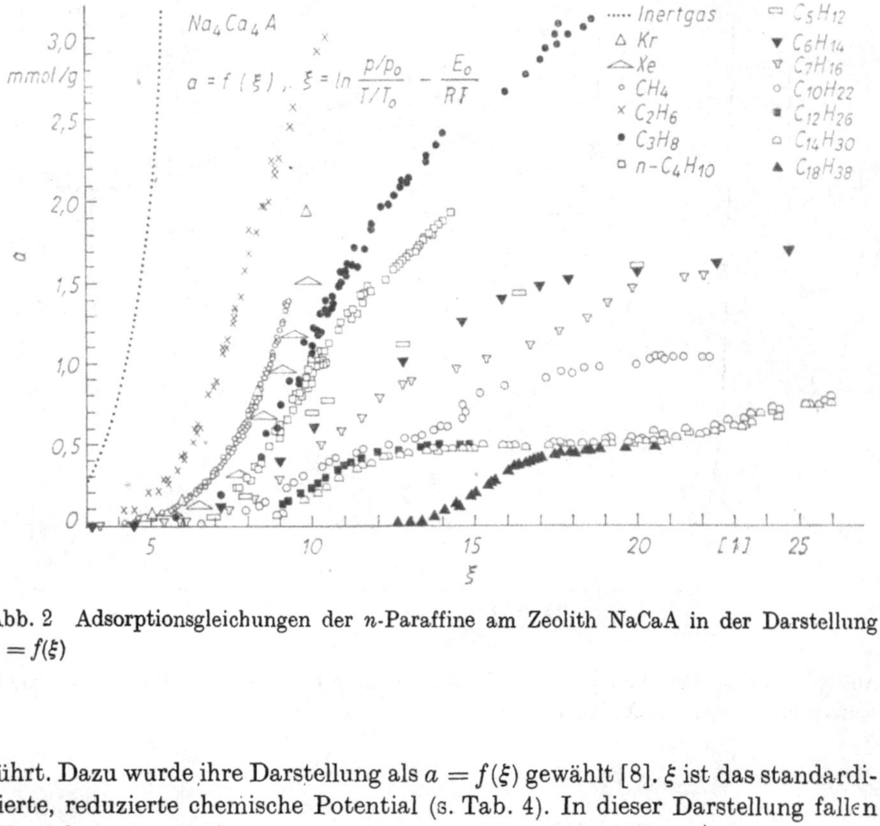

Abb. 2 Adsorptionsgleichungen der *n*-Paraffine am Zeolith NaCaA in der Darstellung $a = f(\xi)$

führt. Dazu wurde ihre Darstellung als $a = f(\xi)$ gewählt [8]. ξ ist das standardisierte, reduzierte chemische Potential (s. Tab. 4). In dieser Darstellung fallen alle Adsorptionsisothermen zu einem einzigen Kurvenzug zusammen, wenn das entsprechende E_0 bekannt ist. Umgekehrt kann E_0 aus zwei gemessenen Adsorptionsisothermen unter Verwendung eines Computers bestimmt werden. Damit kann für das entsprechende Adsorptionssystem unter Verwendung von ξ eine näherungsweise (und für technische Zwecke ausreichende) Berechnung aller Daten des Adsorptionsgleichgewichtes durchgeführt werden. Wenn E_0 aus anderen Untersuchungen bekannt ist, wird eine Vorausberechnung des Adsorptionsgleichgewichtes möglich.

Wie unsere Untersuchungen zeigen, entsprechen die E_0-Werte der Wechselwirkungsenergie eines Adsorbatmoleküles mit dem zeolithischen Molekularsieb und damit in guter Näherung der Adsorptionswärme für $a = 1$ Molekül im Hohlraum ($\overline{\Delta H}_{1,0}$). Das ergab sich zunächst für den Zeolith NaMgA und gilt auch für alle anderen von uns untersuchten Zeolithe. Damit gewinnt die Ermittlung von $\overline{\Delta H}_{1,0}$ an Bedeutung. Neben der Möglichkeit, diesen Wert kalorimetrisch zu messen, sind alle Verfahren zur Abschätzung oder (wenn auch nur halbempirischen) Berechnung von Interesse. In der Reihe der homologen n-Paraffine zeigen die E_0-Werte eine lineare Abhängigkeit von der C-Zahl. Das ergibt sich aus der Abb. 3, in dem für das Molekularsieb NaMgA die entsprechenden Werte als Funktion der C-Zahl aufgetragen sind. Die entsprechenden Geradengleichungen für alle von uns untersuchten Zeolithe sind in [4] angegeben. Mit diesen Angaben ist unter Verwendung der ξ-Funktion eine näherungsweise Berechnung aller Daten des Adsorptionsgleichgewichtes möglich.

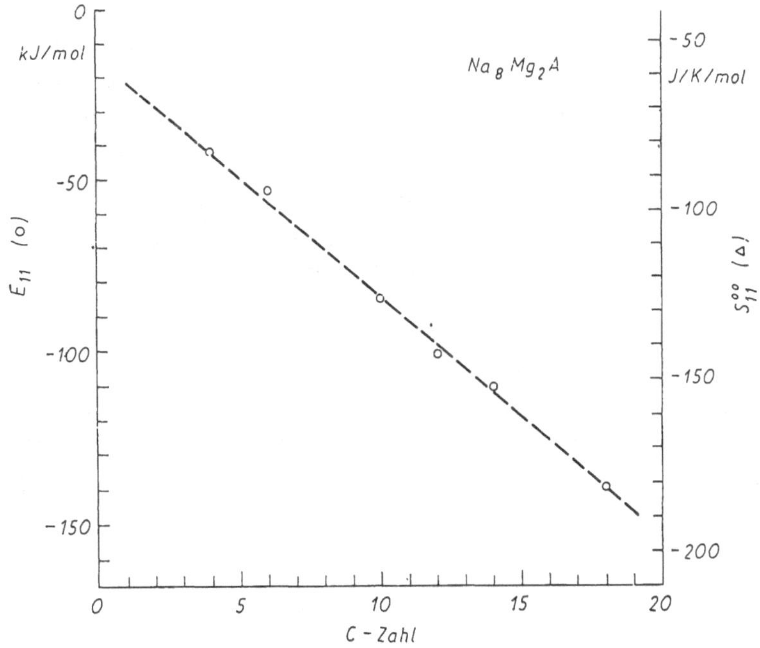

Abb. 3 E_1 und S_1 für die Adsorption der n-Paraffine am Zeolith NaMgA als Funktion der C-Zahl

Aus den in [4] angegebenen Gleichungen folgt, daß ihre Konstanten vom Zeolithtyp abhängen. Damit besteht eine zu bearbeitende Aufgabe darin, zwischen den Konstanten der Geradengleichungen und den Zeolitheigenschaften empirische Zusammenhänge zu suchen, damit für weitere, nicht untersuchte Systeme, Abschätzungen der Konstanten möglich sind.

Die Anwendung der ξ-Gleichung entspricht der ersten Variante theoretischen Vorgehens; grundsätzliche Fortschritte in Richtung einer Vorausberechnung der Daten des Adsorptionsgleichgewichtes sind dadurch nicht zu erreichen. Die ξ-Gleichung ist von Vorteil, wenn die Adsorption in einem energetisch homogenen Volumen und mit einer zu vernachlässigenden energetischen Wechselwirkung erfolgt. Dann sind alle Einflüsse der Beladung allein durch entropische Behinderungen bestimmt, die temperaturunabhängig sind. Diese spiegeln sich in der Kurve $a = f(\xi)$ wider. Die gesamte Temperaturabhängigkeit ist unter den genannten Voraussetzungen auf den Einfluß der temperaturunabhängigen E_0-Werte (über den Boltzman-Faktor $\exp[-E_0/RT]$) zurückzuführen. Diese Bedingungen sind vor allem für die Adsorption bei hohen Temperaturen erfüllt (Heißgasadsorption), deshalb bleiben die Tieftemperaturzustände (in den Systemen n-Paraffin-Zeolith) aus dieser Betrachtung ausgeklammert. (In der Tab. 4 ist der funktionelle Zusammenhang zwischen a und ξ angegeben).

Die Gleichung 4 der Tab. 4 ergibt sich unter den angegebenen idealen Bedingungen. Im realen Fall wird sie weder bei fester Beladung über der Temperatur noch bei fester Temperatur über der Beladung bestehen bleiben. Es mußten deshalb Vorstellungen entwickelt werden, die unterschiedliche Energien für verschiedene Besetzungszustände und Temperaturbereiche zulassen und deren Beiträge zum Gesamtverhalten bestimmbar machen. Ausgangspunkt hierzu war das auf die Hohlraumstruktur eingehende sogenannte statistische Modell,

Tabelle 4 Gleichungen zum standardisierten, reduzierten chemischen Potential

$$\xi = \ln \frac{p/p_0}{T/T_0} - \frac{E_0}{RT} \qquad (4.1)$$

$$a = f(\xi, T) \qquad (4.2)$$

$$\overline{\Delta}S^{00} = -R \ln a + \overline{\Delta}S^{00*}$$

$$a = e^{\xi - \frac{\overline{\Delta}H - E_0}{RT} + \frac{\overline{\Delta}S^{00*}}{R}} \qquad (4.3)$$

$$\overline{\Delta}H \approx E_0, \quad \overline{\Delta}S^{00*}(a, T) \approx \mathrm{const}\,(a) \qquad (4.4)$$

$$a = f(\xi) \qquad (4.5)$$

$$\overline{\Delta}S^{00} = -R\xi; \ \overline{\Delta}H = E_0; \ \overline{\Delta}S^{00} = R \ln \frac{w_0}{v_0}; \ a \approx \frac{w_0}{v_0} e^{\xi} \qquad (4.6)$$

$$a = \frac{w_f(a)}{v_0} e^{\xi} \qquad (4.7)$$

$$a \approx \frac{w_f(o)}{v_0} e^{\xi} \qquad (4.8)$$

das erstmals von BAKAEV für Zeolithe vorgeschlagen wurde [10] und hier von FIEDLER und seinen Mitarbeitern ausgearbeitet wurde.

Das statistische Modell geht davon aus (s. Tab. 5), daß das Adsorptionsvolumen in kleine Volumina, deren gegenseitige Beeinflussung bei der Adsorption zu vernachlässigen ist, eingeteilt werden kann. Die dabei eintretende näherungsweise statistische Unabhängigkeit der Vorgänge wird benutzt, um die großkanonische Zustandssumme in ein Potenzprodukt zu zerlegen (Tab. 5, Gleichung 5.1). Bei vielen Zeolithen sind die Hohlräume entweder durch die

Tabelle 5 Statistisches Modell

Großkanonische Zustandssumme:

$$\Xi = \prod_{k=1}^{K} (1 + Q_1^{(k)}\lambda + Q_2^{(k)}\lambda^2 + \quad + Q_{mk}^{(k)}\lambda^{mk})\, N_{c,k} \tag{5.1}$$

Isotherme: Multibakaevgleichung (Fiedler, 1970)

$$a = \frac{\partial \ln \Xi}{\partial \ln \lambda} = \sum_{k=1}^{K} N_{c,k} \frac{Q_1^{(k)}\lambda + 2Q_2^{(k)}\lambda^2 + \quad + m_k Q_{mk}^{(k)}\lambda^{mk}}{1 + Q_1^{(k)}\lambda + \cdots + Q_{mk}^{(k)}\lambda^{mk}} \tag{5.2}$$

Kanonische Zustandssumme:

$$Q_i^{(k)} = \exp \frac{i}{RT}(TS_i^{(k)} - E_i^{(k)})$$

Absolute Aktivität:

$$\lambda = \frac{p/p_0}{T/T_0} \qquad (T, \tilde{v}_0)\text{-Standard}, \quad \tilde{v}_0 = RT_0/p_0 \tag{5.3}$$

Bakeavgleichung (1967):

$$a = N_c \sum_{i=1}^{m} i\,\Theta_i, \quad \Theta_i = \frac{Q_i \lambda_i}{1 + \sum_{i=1}^{m} Q_i \lambda_i}, \qquad Q_i = \exp \frac{i}{RT}(TS_i - E_i) \tag{5.4}$$

Multilangmuirgleichung:

$$a = \sum_{k=1}^{K} N_{c,k}\,\Theta^{(k)}, \quad \Theta^{(k)} = \frac{Q^{(k)}\lambda}{1 + Q^{(k)}\lambda}, \quad Q^{(k)} = \exp \frac{TS^{(k)} - E^{(k)}}{RT} \tag{5.5}$$

Thermodynamische Funktionen (Auswahl)

$\Delta\tilde{E} = M(E)/M(n)$ integral molar

$\overline{\Delta E} = D(E, n)/D(n, n)$ differentiell (partiell)molar

$$\frac{\partial}{\partial T}\Delta\tilde{E} = [D(E, E) \cdot D(n, n) - D(E, n) \cdot D(E, n)]/RT^2 D(n, n) \quad \text{integral spezifisch} \tag{5.6}$$

M – Erwartungswert

D – Dispersion

Kleinheit der Fenster (entropische Barriere) oder eine energetische Barriere in der gewünschten Weise separiert. Das gilt insbesondere für die Molekularsiebe vom Typ A.

Es kann festgestellt werden, daß die Aufgabenstellung des Auffindens bestimmter fester Energien, die die einzelnen Beladungs- und Temperaturbereiche auszeichnen, durch das statistische Modell gelöst ist. Diese Konstanten bestimmen u.a. die Isothermengleichung und sind daher durch eine entsprechende Analyse der Meßdaten (nach Parametersuchverfahren) empirisch bestimmbar. Die Kenntnis über die Struktur des jeweiligen zeolithischen Molekularsiebes und die Art des Adsorptives gestatten die Wahl einer zweckmäßigen Form der Isothermengleichung. Bei nur einem Hohlraumtyp und Energien, die nur von der Anzahl der adsorbierten Moleküle im Hohlraum abhängen, reduzieren sich die Gleichungen auf die ursprüngliche BAKAEV-Form (Tab. 5, Gleichung 5.4). Mit den Besetzungszuständen von einem und zwei Molekülen je Hohlraum ließen sich die Messungen der n-Dekan-Adsorption am Zeolith NaMgA (es werden maximal nur 2 Moleküle im Hohlraum adsorbiert) sehr gut wiedergegeben, wie aus der Abb. 4 hervorgeht, in der die experimentell bestimmten und berechneten Isothermen dargestellt sind. Die Stufe in der logarithmischen Auftragung der Isothermen entspricht dem Übergang vom Besetzungszustand ein Molekül je Hohlraum zu zwei Molekülen. Die beiden Besetzungszustände sind durch unterschiedliche Energien und Entropien ausgezeichnet [11].

Bei kürzerkettigen Adsorptiven, also kleineren Molekülen, müssen auch höhere Beladungszustände zugelassen werden. Das gilt auch, wenn der einzelne

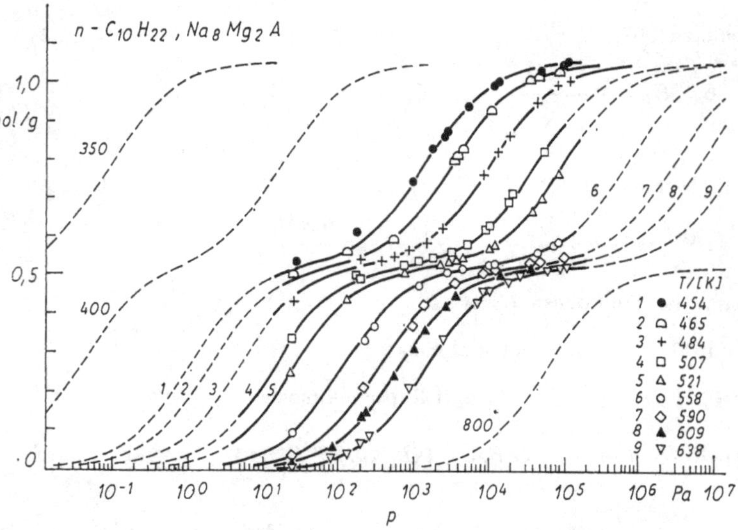

Abb. 4 Gemessene (Symbole) und berechnete (–) Adsorptionsisothermen von n-Dekan am Zeolith NaMgA

Hohlraum wegen der offeneren Struktur, wie bei Zeolithen vom Typ X, nicht genügend separiert ist. Dann müssen größere Cluster von Hohlräumen betrachtet werden, bei denen die Wechselwirkungen in ihrer äußeren Begrenzung im Verhältnis zu den Vorgängen im Innern vernachlässigbar sind, wodurch eine stärkere Separierbarkeit erzwungen wird. In diesen großen Zellen müssen sehr hohe Beladungszustände wegen der Größe des betrachteten Volumens zugelassen werden [9]. Häufig tritt bei höheren Beladungen an Zeolithen vom Typ A ebenfalls eine Wechselwirkung durch die Fenster auf. Auch hier ist es angebracht, benachbarte Hohlräume zu betrachten. Ein Beispiel dieser Art ist die Adsorption von *n*-Heptan am Molekularsieb NaCaA [12], weil darüber hinaus für jede Besetzung mehrere Energiezustände auftreten. In diesem Fall beträgt die Maximalzahl der Moleküle in der betrachteten Zelle von zwei Hohlräumen sieben. Aus dem statistischen Modell lassen sich alle thermodynamischen Funktionen und auch die Isosteren errechnen. Die Wiedergabe der Isosteren ist ebenfalls sehr gut, wie sehr deutlich aus der Abb. 5 hervorgeht [13]. Hier sind durch Symbole die Meßpunkte und durch ausgezogene Kurven die berechneten Daten bezeichnet.

Im Falle polarer Adsorptive können im Gegensatz zu den unpolaren *n*-Paraffinen auch einzelne Adsorptionsplätze innerhalb eines Hohlraumes als separierbar angesehen werden. Eine Ursache dafür ist in der stark lokalisierten Adsorption, beispielsweise in der Nähe von Kationen, zu sehen. Von diesen Ad-

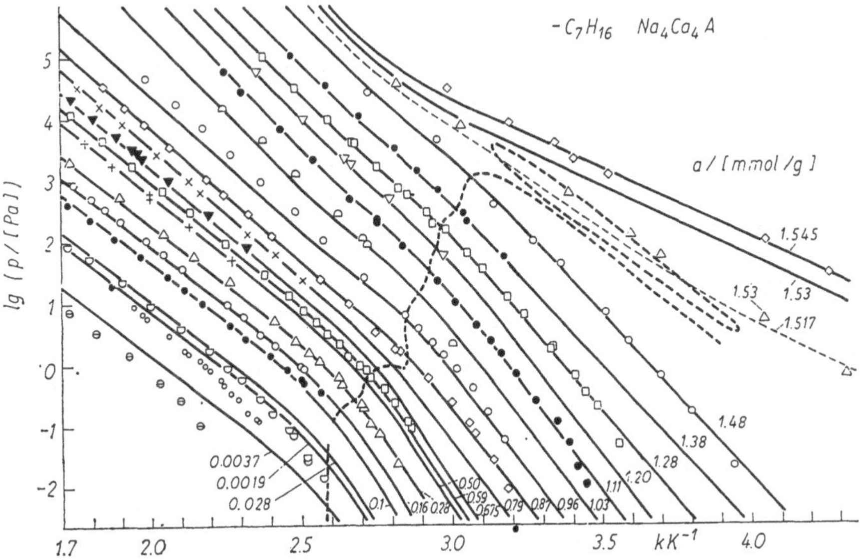

Abb. 5 Gemessene (Symbole) und berechnete (–) Isosteren der Adsorption von *n*-Heptan am Zeolith NaCaA

sorptionszentren gibt es in einem Hohlraum verschiedene Arten. Werden diese nur einfach besetzt, so reduzieren sich die Gleichungen des statistischen Modells auf eine sogenannte Multi-Langmuir-Form, die wiederum sehr einfach zu behandeln ist (Tab. 5, Gleichung 5.5). Es wurde festgestellt, daß beispielsweise die Adsorption von Ammoniak am Zeolith NaMgA dieser Bedingung genügt [14]. Die durch graphische Auswertung der gemessenen Adsorptionsisothermen ermittelten thermodynamischen Funktionen werden von dem Modell gut wiedergegeben und erlauben darüber hinausgehend eine Deutung der Kurvenverläufe (s. Abb. 6) [15]. In der Tab. 6 sind die zur Berechnung verwendeten Energie- und Entropiekonstanten sowie auch die Molzahlen der unterschiedlichen Adsorptionszentren angegeben.

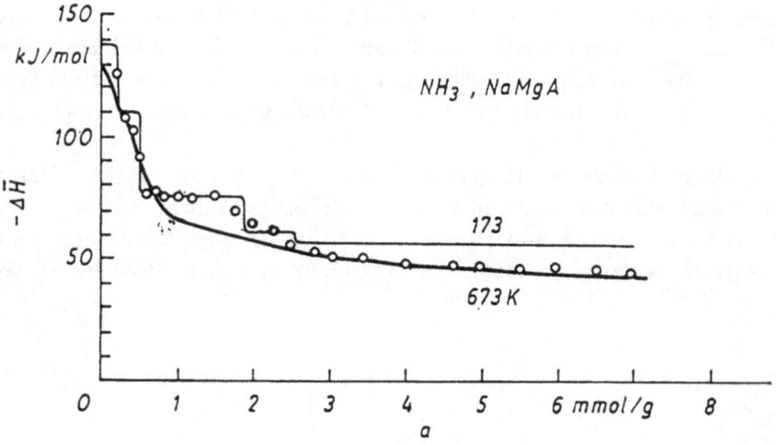

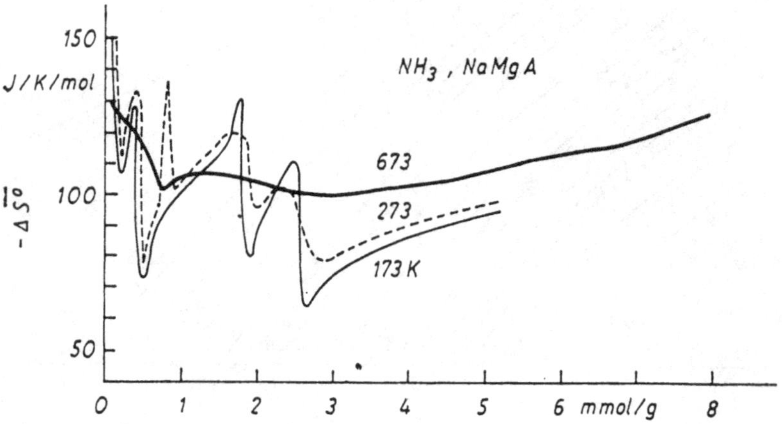

Abb. 6 Abhängigkeit der experimentell erhaltenen (Symbole) und berechneten (–) differentiellen Enthalpien und Entropien von der adsorbierten Menge

Tabelle 6 Konstanten der Isothermengleichung für die Adsorption von NH_3 am Zeolith NaMgA

n_{ai} [mmol/g]	E_i [kJ/mol]	S_i^{00} [J/Kmol]	δ [mmol/g]
0,13	−133	−137	0,036
0,35	−114	−109	
1,38	−101	−75	
0,72	−96	−60	
2,99	−86	−45	
3,33	−102	−43	

Die Anwendung des statistischen Modelles zur Beschreibung der Wasseradsorption machte den Einsatz der vollen Gleichungen dieses Modells (FIEDLER-Gleichungen 5.2) erforderlich, weil die unterschiedlichen Adsorptionszentren mehrfach besetzbar sind. Das ging aus dem Einsatz weiterer experimenteller Untersuchungsmethoden, wie beispielsweise der IR- [16] und NMR-Spektroskopie [17] sowie auch aus DK-Messungen [18] hervor. In Abb. 7 sind (als ein Bei-

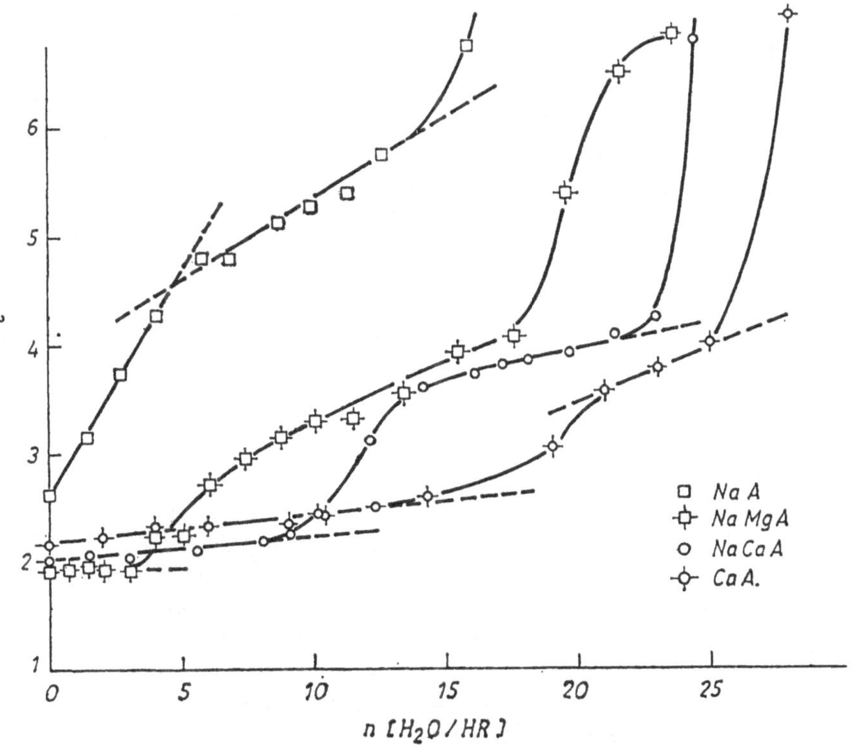

Abb. 7 Dielektrische Isothermen der Adsorption von Wasser an verschiedenen Zeolithen

spiel für derartige Untersuchungen) die Realanteile der komplexen Dielektrizitätskonstanten bei der Wasseradsorption an unterschiedlichen Molekularsieben vom Typ A aufgetragen [18]. Aus dieser Abbildung ergibt sich, daß die Ausdehnung des Kurvenbereiches in den dielektrischen Isothermen sowohl von der Art als auch der Zahl der Kationen im Zeolithhohlraum abhängig ist. Bei den Zeolithen mit zweiwertigen Kationen beträgt der Proportionalitätsfaktor zwischen diesen und der Stufenbreite zwei. Daraus kann geschlossen werden, daß diese Kationen Zentren der Adsorption sind und jedes Erdalkalikation zwei Wassermoleküle stark lokalisiert adsorbiert.

Eine gute Beschreibung des Adsorptions-Systems Wasser–Zeolith NaCaA durch die Gleichung 5.2 des statistischen Modells ergibt sich aus der Abb. 8, in der die berechneten und gemessenen Isothermenpunkte durch unterschiedliche Symbole gekennzeichnet sind [4].

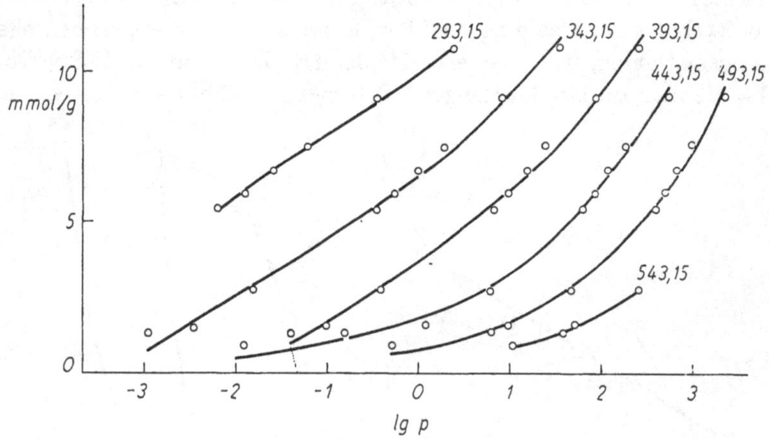

Abb. 8 Gemessene (Symbole) und berechnete Isothermen der Adsorption von Wasser am Zeolith NaCaA

Es zeigt sich also, daß das statistische Modell in der Lage ist, die zeolithische Adsorption von Molekülen sehr verschiedenartiger Struktur und Eigenschaften (polarer und unpolarer, kettenförmiger und kugelförmiger) zu beschreiben. Das adsorptive Verhalten dieser Moleküle wird zurückgeführt auf die Energie- und Entropiekonstanten ausgewählter kanonischer Zustände. Diese zu berechnen ist das Endziel aller theoretischen Untersuchungen zur Adsorption. Zur Berechnung der kanonischen Zustandssumme muß der Verlauf des Energiepotentials im Phasenraum bekannt sein. Dazu wurden von uns halbempirische Potentiale vom verallgemeinerten LENNARD-JONES-Typ unter Berücksichtigung der Induktionsenergie benutzt [19] (Multipol-Entwicklung). Die Integration über den Phasenraum wurde mit Hilfe der Monte-Carlo-Methode (KRETSCHMER-FIEDLER [20] 1974, FIEDLER 1979 [21]) durchgeführt. Die Projektion der Fläche der radialen Energieminima im Zeolithhohlraum des Types NaCaA ist in Abb. 9 dargestellt. Hier ist auch ein bei Zimmertemperatur generiertes n-Dekan-Molekül eingezeichnet. Die Punkte geben den Schwerpunkt und die Kreise geben den Radius der CH_2-Gruppen an. Aus dieser Abbildung geht in anschaulicher Weise die Verknäuelung des adsorbierten n-Dekan-Moleküles hervor. Aus Abb. 9 folgt, daß die CH_3-Gruppen sich in der Nähe der Ca^{2+}-Ionen befinden und die CH_2-Gruppen entlang von Tetraederkanten angeordnet sind.

Die Monte-Carlo-Rechnungen gestatten aber auch Aussagen und Schlußfolgerungen für die Kinetik der Adsorption. Ein Beispiel dafür ist in der Abb. 10 dargestellt. In diesem Bild wird nicht nur das Aluminiumsilikatgerüst des Molekularsiebes NaCaA angegeben, sondern es sind auch die Gräben der Minimalflächen eingezeichnet, entlang derer die Diffusion bevorzugt erfolgen sollte. Ein wahrscheinlicher Diffusionsweg für n-Paraffine ist durch die Schwärzung gekennzeichnet.

Während mit den berechneten Zustandssummen Molekülübergänge innerhalb eines Hohlraumes qualitativ richtig gefunden werden, liegen die quantitativen Werte für die Energien E_i betragsmäßig noch zu hoch. Eine genauere Vorausberechnung des Adsorptionsgleichgewichtes erfordert exaktere Bestimmungen molekularer und atomarer Konstanten, besonders für die teilweise

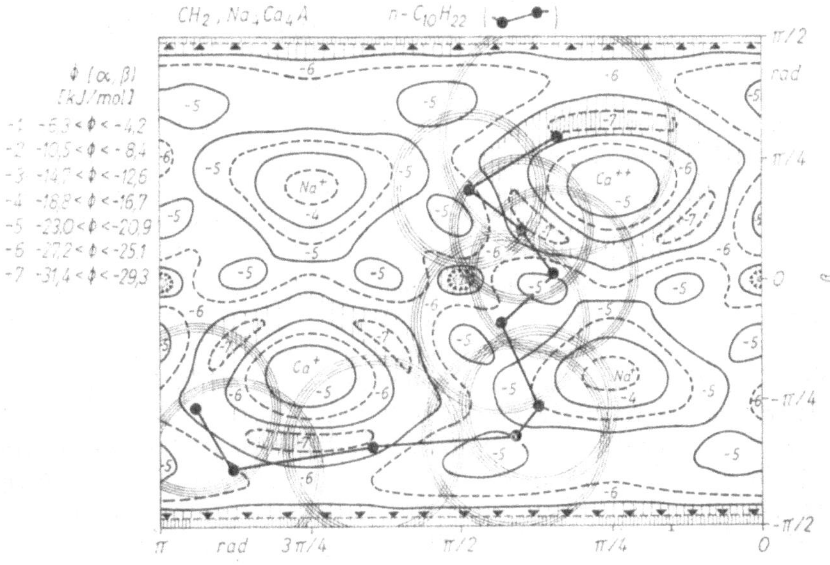

Abb. 9 Anordnung eines adsorbierten n-Dekanmoleküls im Hohlraum des Molekularsiebes NaCaA (nach Monte-Carlo-Rechnungen)

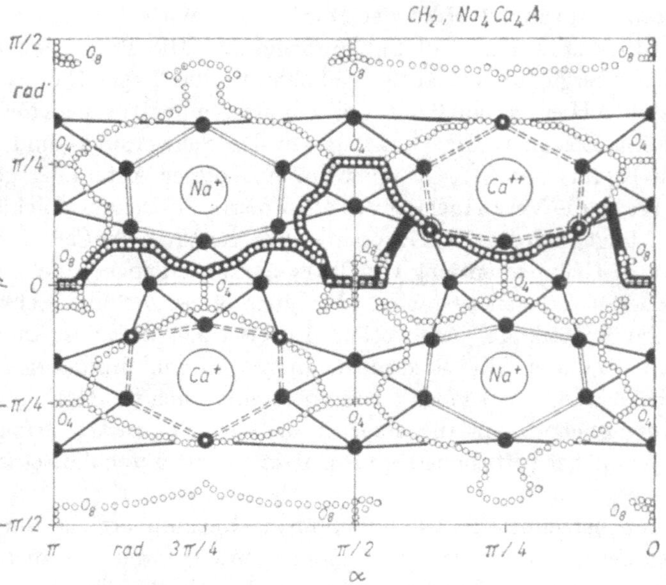

Abb. 10 Gräben der Potentialminimalflächen für CH_2-Gruppen im Zeolith NaCaA

ionisierten Bausteine der Zeolithe. Hier ist eine derzeiter Ansatzpunkt für die Quantenchemie zu sehen. Entsprechende Untersuchungen wurden aufgenommen [22].

Mit den aufgestellten Rechenprogrammen können sehr leicht Modifizierungen der Zeolithe, beispielsweise durch Kationenaustausch, simuliert werden. Die Abb. 11 zeigt die Energieverteilung für CH_2-Gruppen in einem Zeolith vom NaX-Typ mit spezieller Kationenanordnung. Ein Vergleich mit Abb. 10 ergibt, daß die Energieminima im NaCaA stärker ausgeprägt sind als im Zeolith NaX.

Potentialberechnungen für die polaren Moleküle sind weitaus komplizierter als für die unpolaren. Selbst wenn die Quadrupolmomente nicht berücksichtigt werden, sie wurden zeitweise von uns als Tensor orientierungsabhängig mit erfaßt, bleiben noch genügend Schwierigkeiten, beispielsweise in den Polarisierbarkeiten, die in die Induktionsenergie und die Koeffizienten der Dispersionsenergie eingehen. Trotz dieser Schwächen zeigen die Rechnungen der Adsorptionsenergien deutlich energetisch unterschiedliche Adsorptionszentren. Das statistische Modell liefert aus diesen Feststellungen Stufen in der differentiellen Adsorptionswärme [4]. Solche Stufen werden auch tatsächlich im Experiment gefunden [4]. Das geht deutlich aus dem oberen Bild der Abb. 6 hervor, in dem die differentielle Adsorptionswärme des Ammoniaks am NaMgA gegen die adsorbierte Menge aufgetragen ist. In Tab. 7 sind die aus Potentialberechnungen gewonnenen Adsorptionsenergien des Ammoniaks für ausgewählte

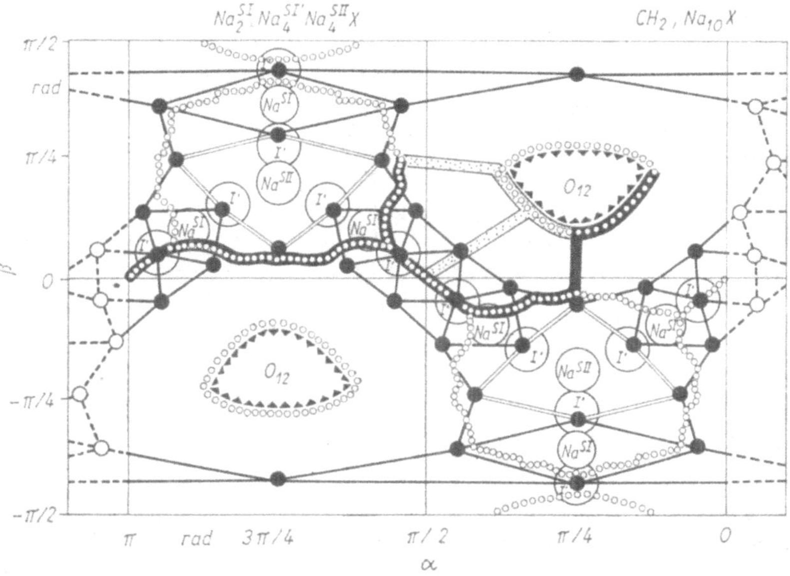

Abb. 11 Gräben der Energieverteilung von CH_2-Gruppen im Hohlraum des Molekularsiebes NaX

Positionen im Hohlraum des Zeolithtypes NaMgA (Spalte 4) und deren Anzahl angegeben. Diese Werte werden verglichen mit den aus den Stufen der Adsorptionswärmekurve der Abb. 6 erhaltenen Angaben über die Stufenbreite (Spalte 2) und die Stufenhöhe (Spalte 3). Wenn auch die Energiebeträge der Stufen von den berechneten Werten differieren, so lassen sich anhand der Breite dieser Stufen Zuordnungen aufstellen, die eine Deutung des Adsorptionsverhaltens polarer Moleküle erleichtern.

Wir ziehen aus dem Vergleich die Schlußfolgerung, daß die Mg^{2+}-Ionen Zentren der höchsten Adsorptionsenergie sind und daher die erste Stufe der Wärmekurve durch Adsorption an diesen Kationen gedeutet werden kann. Mit abnehmender Stufenhöhe sollten dann die Zentren fallender Adsorptionsenergie besetzt werden.

Aus den Untersuchungen des Adsorptionsgleichgewichtes von Wasser an den Zeolithen NaMgA und NaCaA wurden unter Verwendung der Clausius-Clapeyronschen Gleichung die differentiellen Adsorptionswärmen ermittelt [4]. Die erhaltenen Kurven der Adsorptionswärmen fallen – analog wie die Adsorptionswärme des Ammoniaks – mit zunehmender adsorbierter Menge ab. In der Tab. 8 werden diese Werte (jeweils Spalte 3) mit dem Ergebnis der Potentialberechnungen (jeweils Spalte 4) verglichen. Auch hier wird gefunden, daß die Zentren höchster Adsorptionswärme in der Nähe der zweiwertigen Ionen

Tabelle 7 Vergleich der berechneten und aus dem Experiment ermittelten Adsorptionsenergien

Pos.	N_k NH_3-Mol./HR	E_k kcal/Mol	E kcal/mol	Ads.-Zentrum	Anzahl
1	2,4	−18,02	−18,23	Z(Mg 2*)	4
2	5,2	−10,76	−12,10	F(Mg 2)	6
3	1,25	−14,34	−14,88	Z, Na^+ (Mg 2*)	2
4	5,8	−10,29	−11,40	Na^+(Mg 2)	6
5	0,6	−26,00	−33,71	Mg^{2+}(Mg 2*)	2
6	0,22	−32,69.	−33,71	Mg^{2+}(Mg 2*)	2

1 NH_3-Mol./HR 0,58 mmol/g

Tabelle 8 Vergleich experimentell bestimmter $\overline{\Delta H}$-Werte mit berechneten $\Delta\tilde{E}$-Werten der Wasseradsorption an Zeolithen vom Typ 5A

Zeolith NaCaA

Exper. Werte		Berechnete Werte		
Stufenbreite H_2O/HR	$-\overline{\Delta H}$ $\left[\frac{kcal}{Mol}\right]$	Adsorptionszentren	Zahl	$-\overline{\Delta E}$ $\left[\frac{kcal}{Mol}\right]$
3	34	Ca^{2+} vor Sauerstoff-6-ring	4	41,8
4	18	Ca^{2+} vor Sauerstoff-4-ring	12	20,0
6	15	Na^+ vor Sauerstoff-6-ring	4	14,5
4	13	Na^+ vor Sauerstoff-8-ring	6	11,3

Zeolith NaMgA

Exper. Werte		Berechnete Werte		
Stufenbreite H_2O/HR	$-\overline{\Delta H}$ $\left[\frac{kcal}{Mol}\right]$	Adsorptionszentren	Zahl	$-\Delta\tilde{E}$ $\left[\frac{kcal}{Mol}\right]$
0,8	38	Mg^{2+} vor Sauerstoff-6-ring	4	57,2
1,7	22	Mg^{2+} vor Sauerstoff-4-ring	12	19,2
–*	–	Na^+ vor Sauerstoff-4-ring	4	14,9
–*	–	Na^+ vor Sauerstoff-8-ring	6	10,9

sich befinden sollten. Aus den erhaltenen Ergebnissen folgt, daß auch die Potentialberechnungen polarer Moleküle zur qualitativen Deutung des Adsorptionsvorganges beitragen.

4. Ausblick

Zum Abschluß sollen die künftigen Anforderungen an das Experiment und die Theorie zusammengefaßt werden. Durch das statistische Modell erfolgt eine Auflösung der makroskopischen Messungen bis in den mikroskopischen Bereich hinein. Im Bearbeitungszeitraum waren für theoretische Untersuchungen im mikroskopischen Bereich nur die empirischen Potentiale verfügbar. Diese sind kritikwürdig und müssen künftig durch quantenchemisch gestützte Formen ersetzt werden. Die Quantenchemie wird allerdings nicht in der Lage sein, den räumlichen Verlauf des Potentials genügend dicht zu berechnen. Ihre Ergebnisse müssen erst in eine Pseudopotentialform gebracht werden, bevor sie weiter verarbeitet werden können. Damit behalten die mathematischen Formen der Potentialberechnung weiterhin ihren Wert und werden nur mit neuem Inhalt gefüllt. Das gleiche gilt für den statistischen Apparat.

Als Quelle von Informationen mit hoher Extrapolierfähigkeit müssen die experimentellen Methoden verfeinert und durch unabhängige ergänzt werden.

Das erfordert

- den Meßumfang – sowohl im Druck – als auch Temperaturbereich zu erweitern
- die Druckmessung empfindlicher zu gestalten, insbesondere im Bereich kleiner Drücke
- auch die Messung spezifischer Wärmen bei tiefen Temperaturen vorzunehmen und
- die spektroskopischen Methoden weiterhin zur Lösung spezieller Fragen insbesondere FIR und ESCA einzusetzen.

Literatur

[1] W. Schirmer, Chem. Techn. **17**, 259 (1965).

[2] P. Scholtyssek, Diplomarbeit, Humboldt-Universität zu Berlin, Berlin 1900.

[3] T. Peinze, Promotion A, Forschungsbereich Chemie der AdW der DDR, Berlin 1977.

[4] H. Stach, Promotion B, Forschungsbereich Chemie der AdW der DDR, Berlin 1977.

[5] K. Fiedler, H.-J. Spangenberg u. W. Schirmer, Mber. AdW der DDR, Berlin, **9**, 516 (1967).

[6] R. G. Kretschmer, Promotion A, Forschungsbereich Chemie der AdW der DDR, Berlin.

[7] K. Fiedler, H. Stach u. W. Schirmer in Physical Adsorption II. Czechosl. Conference on Physical Adsorption, Liblice, 1975, S. 194.

[8] W. Schirmer, K. Fiedler u. H. Stach, Molecular Sieves II ACS Symposium Series **40**, Amer. Chem. Soc. Washington, D. C. 1977, S. 305.
[9] K. Fiedler, H. Stach u. W. Schirmer, 5. Alluniunskonferenz zu theoretischen Fragen der Adsorption, Moskau, 1979.
[10] V. A. Bakaev, Dokl. AN SSSR **167**, 369 (1966).
[11] G. Meinert, Promotion A, Humboldt-Universität zu Berlin, Berlin 1970.
[13] K. Fiedler u. H. Stach, Z. phys. Chem., in Vorbereitung.
[14] T. Peinze, K. Fiedler, H. Stach u. W. Schirmer, Mber. Dt. Akad. Wiss. **12**, 855 (1970).
[15] T. Peinze, K. Fiedler, H. Stach u. W. Schirmer, Mber. Dt. Akad. Wiss. **12**, 867 (1970).
[16] H. Stach, U. Lohse, P. Lehmann, D. Kunath, Adsorption und Porösität, Verlag Nauka, Moskau 1976, S. 40.
[17] D. Deininger, H. Pfeiffer, F. Przyborowski, W. Schirmer u. H. Stach, 2. Tagung Hochfrequenzspektroskopie, Leipzig, 1965, S. 171.
[18] U. Lohse, H. Stach und W. Schirmer, Z. phys. Chem. (Leipzig) **254**, 59 (1973).
[19] K. Fiedler, unveröffentlichte Ergebnisse.
[20] R. G. Kretschmer u. K. Fiedler, Z. phys. Chem. (Leipzig) 258 (1977) 1045.
[21] K. Fiedler, Promotion B, in Vorbereitung.
[22] K. Fiedler, J. Sauer, Veröffentlichung in Vorbereitung.

E. Linke

Zur Physik des tribomechanisch angeregten Zustandes

Wenn wir heute mit diesem Kolloquium unseren Jubilar, Herrn Prof. THIESSEN, ehren, dann verbinden wir das mit unserem Dank für viele Anregungen, Hinweise und die Unterstützung, mit denen uns Prof. THIESSEN über Jahrzehnte und auch heute noch in reichem Maße hilft.

Alle, die wir vor fast 20 Jahren – oder auch noch länger – erste Schritte auf dem noch nicht sehr fest gefügten Gebiet der mechanischen Anregung von festen Körpern taten, erhielten damals mit dem „Magma-Plasma"-Modell, dem Arbeitsmodell der „geringsten Widersprüche", wie Prof. THIESSEN formulierte, ein Schema in die Hand, das nie zu einem Dogma wurde und das wichtige Richtungen unserer Arbeit angab, gleichzeitig aber auch viele „weiße Flecken" besaß, die für Physiker und Chemiker interessantes Neuland praktischer und theoretischer Forschung geblieben sind.

Es ist rückblickend interessant, festzustellen, daß ein Großteil der experimentellen Folgerungen aus dem Magma-Plasma-Modell, die Prof. THIESSEN als Physiko-Chemiker von Profession und Chemiker von Konfession, formulierte, physikalischer Natur waren, und es scheint mir ebenso wichtig, hinzuzufügen, daß Prof. THIESSEN immer selbst davor gewarnt hat, das Modell der höchstangeregten Zustände kritiklos auf die sehr komplexe Vielfalt tribomechanischer Prozesse zu übertragen.

Prof. THIESSEN hatte – neben dem Auftreten hoher Temperaturen, über die im ersten Vortrag berichtet wurde – sechs physikalisch-chemische Folgerungen bei mechanischen Eingriffen in das Festkörpergefüge postuliert und auch bereits in eigenen ersten Versuchen nachgeprüft [1, 2]. Sie sollen hier nicht noch einmal dargestellt werden, weil ich annehme, daß sie bekannt sind und auch deshalb nicht vergessen sind, weil sie experimentell zum Teil genial einfach waren:

1. Ablösung von Gitterbausteinen
2. Materialübergänge
3. Ladungsübergänge
4. Triboluminescenz
5. Exoelektronenemission
6. Tribochemie

Ich möchte aus Zeitgründen Materialübergänge und Tribochemie hier ausklammern. Sie werden in gesonderten Vorträgen auf diesem Kolloquium noch behandelt.

Die Ablösung von Gitterbestandteilen - und dazu gehören bei realen Kristallen auch eingebaute Gasatome - bei mechanischen Bearbeitungsvorgängen ist heute experimentell gesichert.

Beim Bruch von Alkalihalogeniden wurden Gasfreisetzungen beobachtet. Die Ausbeute betrug 10^{11} Moleküle/cm^2 (Abb. 1) [3].

Ähnliche Ergebnisse sind in der Literatur publiziert worden. Mit höchstempfindlichen Quadrupol-Massenspektrometern und Auger-Untersuchungen konnte beim Spalten von Ionenkristallen (LiF, NaCl, KCl, MgO) ein nichtstöchiometrisches „Verdampfen" (Freisetzen) von Gitteratomen nachgewiesen werden (Abb. 2) [4]. Bei Lumineszenzuntersuchungen mit einer Fräsvorrichtung zur Erzeugung von Brüchen in NaCl trat die Na-Linie im Spektrum auf. (Abb. 3) [5].

Mögliche Ursachen sind hohe Temperaturen in der Bruchfront, Ablösung durch triboinduzierte Elektronenstoßprozesse und Excitonenprozesse bei der mechanischen Anregung von V_K-Zentren in Alkalihalogeniden, die insbesondere auch die Nichtstöchiometrie des Freisetzens von Alkalimetall und Halogen-Ion erklären.

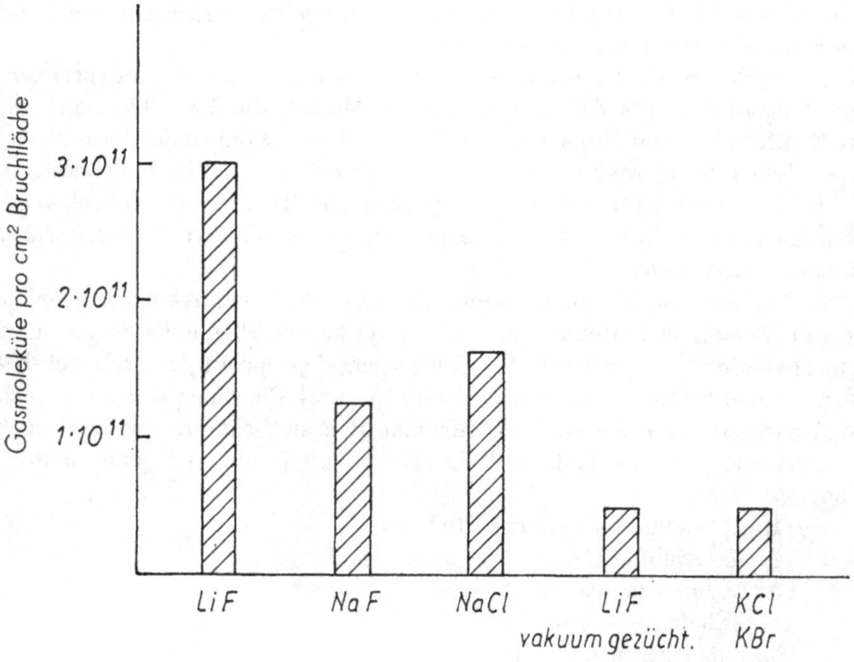

Abb. 1 Gasfreisetzung beim Spalten von Ionenkristallen

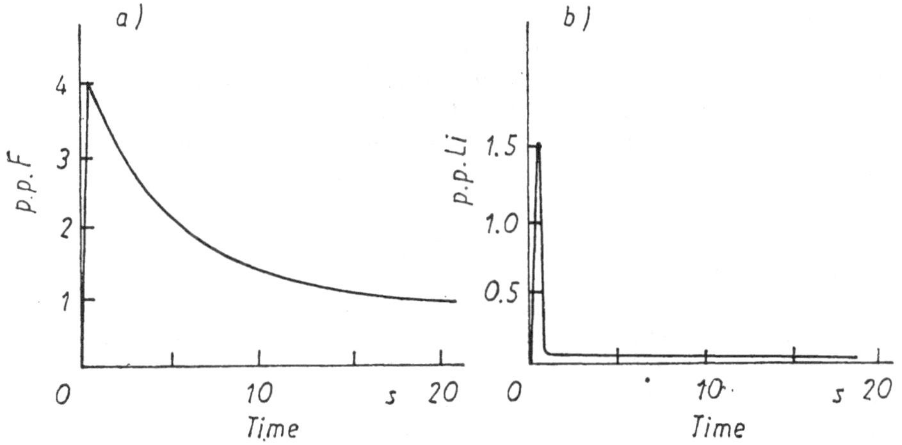

Abb. 2 Partialdruckerhöhung von Fluor (a) und Lithium (b) nach dem Spalten von LiF-Kristallen (in willkürlichen Einheiten) nach [4]

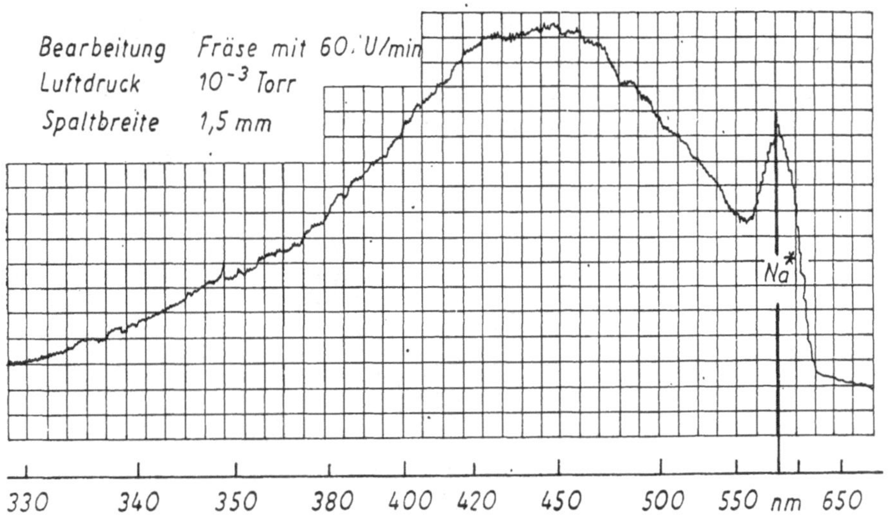

Abb. 3 Unkorrigiertes Originalspektrum der Tribolumineszenz beim Fräsen von NaF (Luftdruck: statt 10^{-3} Torr lies 10^{-1} Pa)

Ein großer Teil tribomechanischer Anregungsprozesse erfolgt über den Kontakt zwischen einem Werkzeug und einem Werkstück. Damit sind Ladungsübergänge und Ladungsverschiebungen an den Oberflächen verbunden, die als Ursache sehr vieler anderer tribomechanischer Elementarprozesse betrachtet werden müssen. Bekannte Beispiele dafür sind das Gasentladungsleuchten, als wesentlicher Teil der Tribolumineszenzuntersuchungen, und die Auslösung und Beschleunigung von Elektronen durch hohe elektrische Felder als Folge elektrostatischer Oberflächenladungen. Theoretisch interessanter vom Standpunkt der mechanischen Anregung sind Aufladungsprozesse ohne Werkzeugberührung, wie sie beim Bruch durch Dehnung oder im Gebiet außerhalb der Spaltmesserkerbe beobachtet werden [6] (Abb. 4).

Von wesentlicher Bedeutung bei der Untersuchung des Aufladungsmechanismus ist, daß diese Ladungen nicht spiegelsymmetrisch auf den korrespondierenden Spaltflächen auftreten und erst im Gebiet der normalen Oberflächenleitfähigkeit temperaturabhängig werden.

Bekannte Aufladungsmechanismen, wie die Bewegung von Versetzungen oder das – wenn auch aus energetischen Gründen sehr geringe – Auftreten von geladenen (111)-Flächen beim Bruch von Alakalihalogeniden, können nicht herangezogen werden. Zur Zeit werden der Einfluß dynamischer Prozesse beim Bruchablauf untersucht und Korrelationen zwischen Ladungen und Elektronenemission einbezogen, wie in Abb. 5 [7] dargestellt.

Bei Untersuchungen zur Physik des mechanisch angeregten Zustandes haben das Studium der Triboluminеszenz und Exoelektronenemission eine zentrale Rolle gespielt.

Angeregt durch erste Vorstellungen als Bestandteile eines Plasmas sind später – zum Teil unter Einbeziehung moderner Methoden der UHV-Technik und der Einzelimpulsmeßtechnik – eine Reihe weiterer Mechanismen als Ursache triboinduzierter Elementarprozesse nachgewiesen worden.

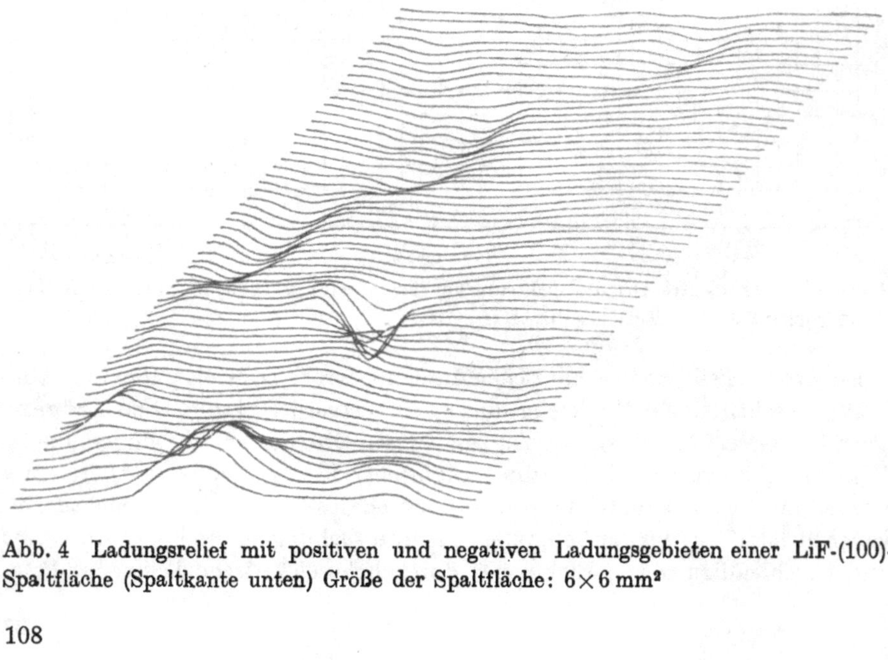

Abb. 4 Ladungsrelief mit positiven und negativen Ladungsgebieten einer LiF-(100)-Spaltfläche (Spaltkante unten) Größe der Spaltfläche: $6 \times 6\ mm^2$

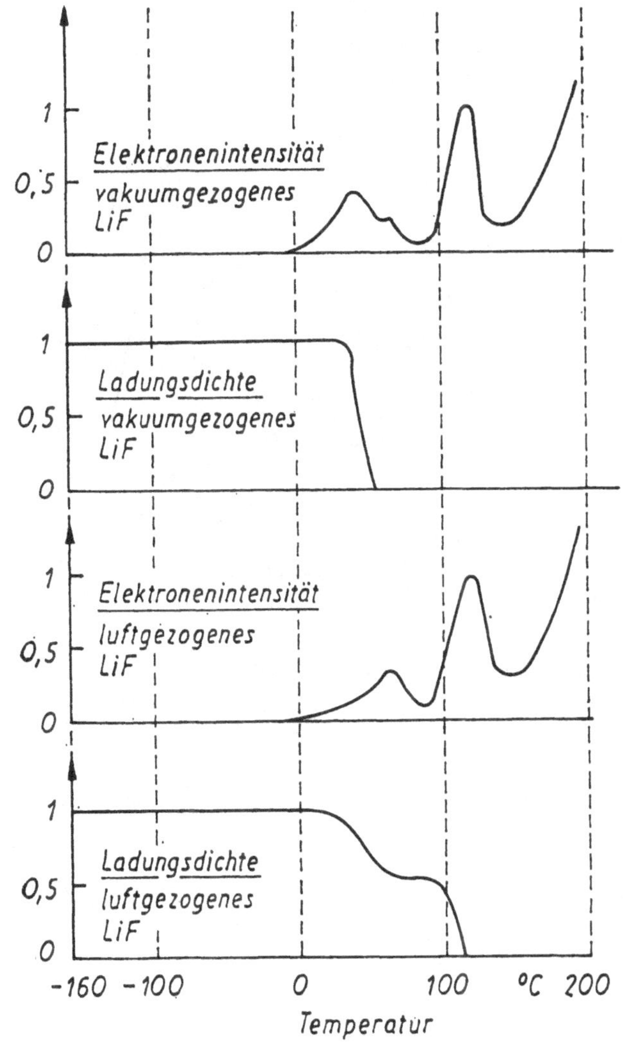

Abb. 5 Thermisch stimulierte Entladungen und Elektronenemission einer LiF-Spaltfläche

Die Komplexität der Lumineszenzerscheinungen läßt sich an der Druckabhängigkeit, dem Einfluß der Bearbeitung und der Temperaturabhängigkeit nachweisen (Abb. 6) [8].

Abb. 6 zeigt eine hohe Intensität der Lumineszenz im Gasentladungsgebiet. Unterschiede bei verschiedenen Bearbeitungsmethoden sind auf die Druck-Abstand-Abhängigkeit bei Gasentladungsprozessen zurückzuführen. Für weitere

Untersuchungen war von Bedeutung, daß auch im Hochvakuum eine deutliche Fotonen-Emission zu beobachten war, wenn auch nur bei intensiver kontinuierlicher Bearbeitung. Die Temperaturabhängigkeit (Abb. 7) [9] zeigt, daß

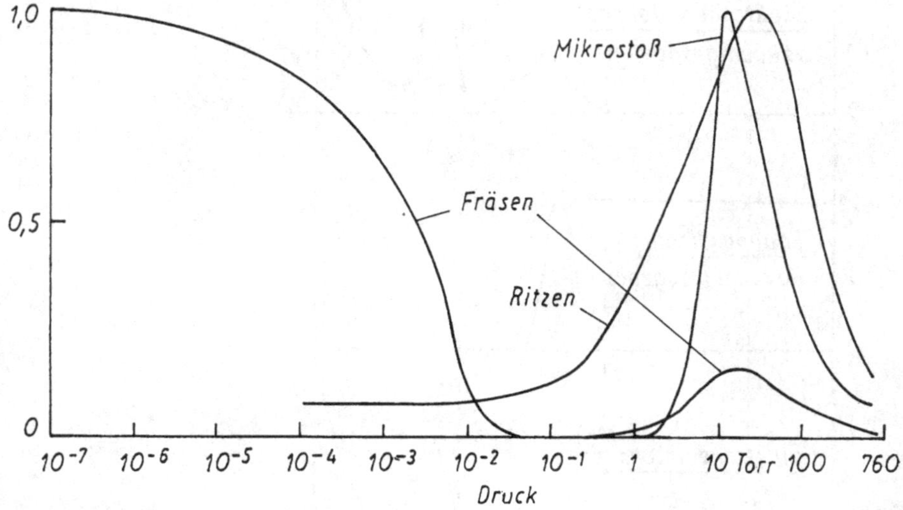

Abb. 6 Luftdruckabhängigkeit der Tribolumineszenz von NaF für verschiedene Bearbeitungsmethoden

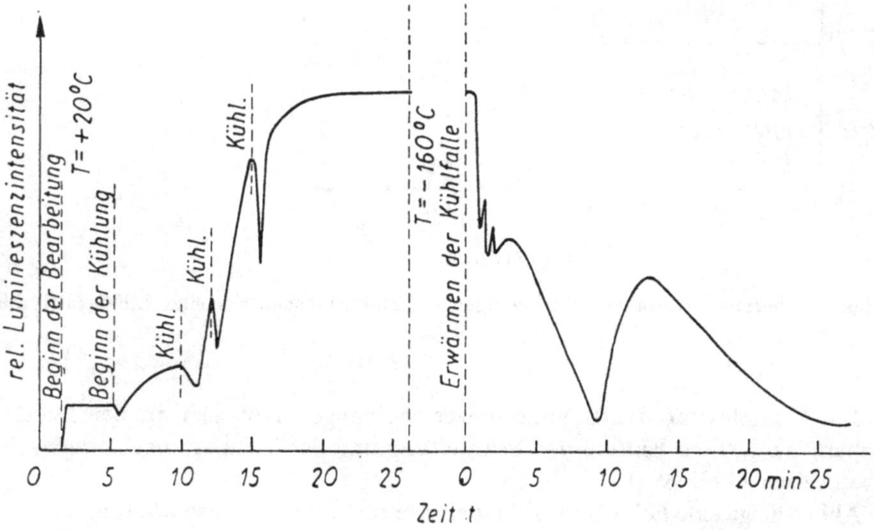

Abb. 7 Temperaturabhängigkeit der Tribolumineszenz bei der Bearbeitung von LiF mit einem Stahlfräser

insbesondere tiefe Temperaturen zu einer Erhöhung der Lumineszenzausbeute führen, während Temperaturerhöhung die Lumineszenzausbeute erniedrigt. Der steile Abfall auf ein Zwischenminimum nach etwa 10 min hängt mit Desorptionsprozessen an der Vakuumkühlfalle zusammen. Es konnte nachgewiesen werden, daß die Reibkraft des Fräsers in diesem Gebiet deutlich verringert wird durch die Ausbildung von Oxid- bzw. Hydroxidschichten und mit der mechanischen Beanspruchung auch die Lumineszenzausbeute sinkt. Nicht immer ist dieser Zusammenhang zwischen Bearbeitungsintensität und physikalischen Elementarprozessen so deutlich.

Eine zusammenfassende Erklärung des hier behandelten Anregungsprozesses – auch der parallel auftretenden Elektronenemission, die nicht dargestellt wurde – liefert das schon erwähnte V_K-Zentrenmodell [10].

Durch Thermolumineszenzmessungen und vergleichende Spektrenuntersuchungen konnte nachgewiesen werden, daß bei mechanischer Anregung das in Abb. 8 [11] dargestellte V_K-Zentrum gebildet wird, das als negativ geladenes Halogenmolekülion (Cl_2^-, F_2^-) betrachtet werden kann. Der Übergang in einen self-trapped-exciton-Zustand und die strahlende oder bei Temperaturerhöhung nichtstrahlende Rekombination lösen Fotonen- und Elektronenprozesse aus, deren Intersitätsunterschiede und Temperaturabhängigkeit, das Modell bestätigen. Die bei der Rekombination von V_K-Zentrum und Elektron auftretende Stoßfolge in [110]-Richtung führt in oberflächennahen Bereichen zur Emission von Gitterbausteinen, auf Grund der Richtung vorwiegend zur Freisetzung von Halogeniden. Ähnliche Ergebnisse sind bei der Anregung von Alkalihalogeniden mit Röntgenstrahlen erhalten worden.

Die Elektronenemission, die hier noch kurz behandelt werden soll, wurde in den letzten Jahren, vorwiegend in Korrelation mit anderen Elementarpro-

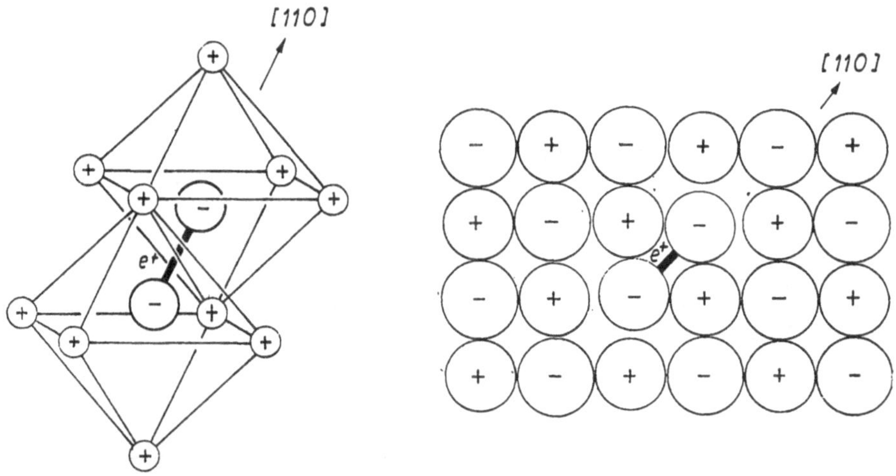

Abb. 8 Atomare Struktur des V_K-Zentrums nach [11]

zessen und in Verbindung mit Oberflächenreaktionen an Metallen nach tribomechanischer Anregung untersucht. Die mechanische Bearbeitung führt dabei zur Erzeugung von frischen, aktiven Oberflächen, die als Anregungszustand bei tribomechanischer Bearbeitung aufgefaßt werden müssen. Das ständige Beseitigen hemmender Deckschichten in Mahlaggregaten oder die chemisch aseptische Konservierung von bearbeiteten Oberflächen in UHV-Apparaturen, ermöglichen Oberflächenreaktionen, wie die Nickelcarbonyl-Synthese, die unter normalen Bedingungen nicht ablaufen.

Bei Reaktionen mit großer Reaktionsenthalpie, z.B. im System Al/O_2 oder Al/H_2O kann durch chemische Wechselwirkung an der Oberfläche eine Spontanemission von Elektronen hervorgerufen werden. Abbildung 9 zeigt eine beim

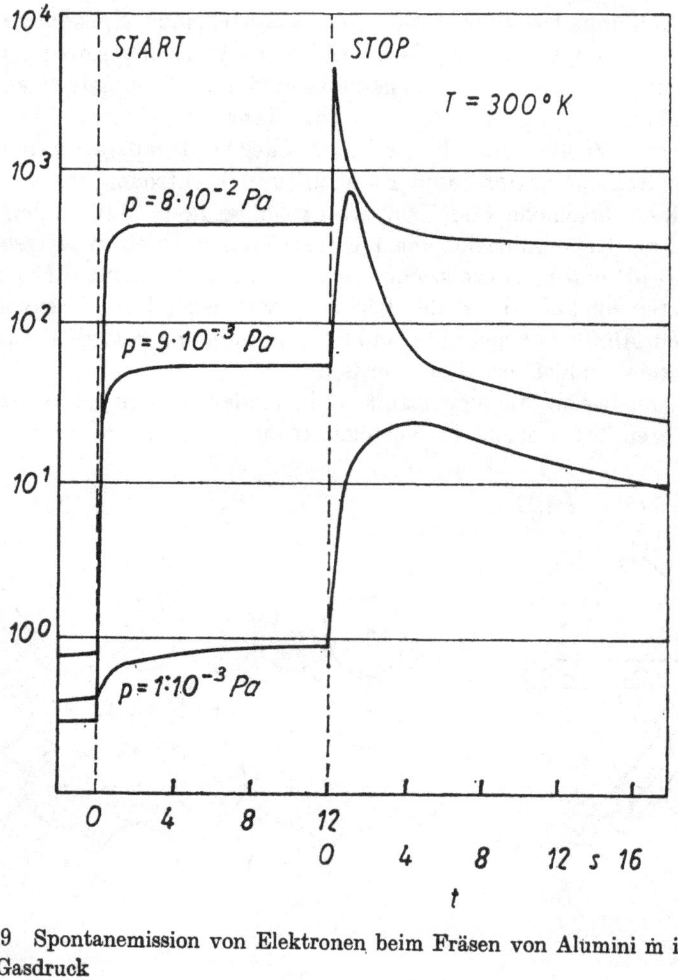

Abb. 9 Spontanemission von Elektronen beim Fräsen von Aluminium in Abhängigkeit vom Gasdruck

Fräsen von Al erhaltene Elektronenemission. Auch hier ist die Abhängigkeit von Umgebungs- und Anregungsbedingungen sehr vielschichtig und die mechanische Bearbeitung über Zwischenschritte mit dem Elementarprozeß verbunden [12].

Der hier nur schlaglichtartig erfolgte Überblick über physikalische Elementarprozesse des tribomechanisch angeregten Zustandes sollte auf die Fülle der Probleme hinweisen, die ausgehend von Prof. THIESSENS Anregungen auf diesem Gebiet zu vielfältigen Forschungsarbeiten und Erweiterungen der ursprünglichen Theorie geführt haben, von deren Ergebnissen und der kontinuierlichen Fortsetzung der Arbeiten es letztendlich mit abhängen wird, ob mechanische Anregungsverfahren mit optimalem Energieaufwand und in geeigneten Bearbeitungsaggregaten technisch wirksam eingesetzt werden können. Wir alle hoffen und wünschen, daß uns Prof. THIESSEN dabei auch weiterhin mit Rat und Tat zur Seite steht.

An den vorgestellten Untersuchungen waren Dr. ROSSBERG, Dr. WOLLBRANDT, Dr. HOFFMANN und Dr. GRABO beteiligt.

Literatur

[1] P. A. THIESSEN in: Abh. dtsch. Akad. Wiss., Klasse Chemie, Geologie und Biologie Nr. 5 (1966), S. 15.

[2] P. A. THIESSEN, K. MEYER, G. HEINICKE, Grundlagen der Tribochemie, Abh. dtsch. Akad. Wiss., Klasse Chemie, Geologie und Biologie Nr. 1 (1966).

[3] E. LINKE, Dissertation, Berlin 1970.

[4] T. E. GALLON, I. G. HIGGINBOTHAM, M. PRUTTON, H. TOKUTAKA, Surface Science **21** (1970), 224.

[5] K. MEYER, D. OBRIKAT, M. ROSSBERG, phys. stat. sol. **35** (1969), K 13.

[6] J. WOLLBRANDT, E. LINKE, U. BRÜCKNER, Exp. Techn. Physik **23** (1975), 65.

[7] J. WOLLBRANDT, E. LINKE, V. Polish Seminar on Exoelectron Emission and Related Phenomena, Karpacz 1978.

[8] K. MEYER, D. OBRIKAT, M. ROSSBERG, Kristall und Technik **5** (1970), 181.

[9] K. HOFFMANN, E. LINKE Kristall und Technik **11** (1976), 835.

[10] K. HOFFMANN, E. LINKE, Kristall und Technik **12** (1977), 495.

[11] H. PICK, in: Optical Properties of Solids, ed. by F. Abelés Amsterdam/London 1972.

[12] E. LINKE, G. GRABO, Proceedings of the 5 th International Symposium on Exoelectron Emission and Dosimetry, Zvikov 1976, p. 255.

Hennig, Ebert, Geißler, Steinike, Kretzschmar

Wechselwirkung zwischen Gasen und Quarz bei Einwirkung mechanischer Energie

Es wird die Sorption von O_2 und H_2 (Ar als Inertgas) am Quarz bei mechanischer Energieeinwirkung verfolgt. Die Art der Bearbeitungsatmosphäre und der Partialdruck des Gases bestimmen die Natur und die Zahl der gebildeten EPR-Zentren. Die Natur der erzeugten E'- und Sauerstoffdefektelektronen-Zentren wird diskutiert und ihre wechselseitige Beeinflussung. Die nachgewiesenen Zentrenzahlen liegen um den Faktor 5 (O_2, Ar) bzw. 60 (H_2) unter der aus den Si—O-Bindungsbrüchen zu erwartenden. Die Bildung von SiH- und SiOH-Gruppen konnte IR- und EPR-spektroskopisch nachgewiesen werden. Parallelen zur Wirkung anderer nichtthermischer Energiearten auf die Zentren-Bildung am SiO_2 werden aufgezeigt und zur Interpretation der Ergebnisse herangezogen.

1. Einleitung

Bei mechanischer Energieeinwirkung auf einen Festkörper treten energetisch unterschiedliche Anregungszustände auf, wobei die Lebensdauer der höherenergetischen Zustände in der Regel sehr kurz ist. Hierbei entstandene Strukturdefekte einschließlich der amorphen Bereiche (z.B. im Quarz [1]) sind dagegen metastabil und können über längere Zeit im Festkörper erhalten bleiben. Alle Arten von Anregungszuständen lassen sich qualitativ mit dem vor etwa 15 Jahren von P. A. Thiessen aufgestellten Magma-Plasma-Modell [2] erklären. In den folgenden Jahren erschien dann eine ganze Reihe von Arbeiten, in denen zur Deutung bestimmter physikalischer und chemischer Prozesse das Magma-Plasma-Modell herangezogen wird bzw. bestimmte Einzelprozesse bei der mechanischen Energieübertragung auf den Festkörper untersucht werden (z.B. [3 bis 5]). Als ein solcher Beitrag sind auch die folgenden Ausführungen zu werten.

Untersuchungen zur Wechselwirkung Festkörper/Gas auch nach dem Einfluß der mechanischen Energieeinwirkung bieten die Möglichkeit, Informationen über die Reaktivität der frischen Bruchfläche zu erhalten und damit indirekt über die während der mechanischen Bearbeitung auftretenden Anregungszustände. Das ist dann der Fall, wenn – wie beim Quarz z.B. – die Bruchstücke aufgebrochener chemischer Bindungen zumindest teilweise erhalten bleiben oder durch Reaktion mit der umgebenden Gasatmosphäre in Form charakteristischer Gruppen sich z. B. EPR- und/oder IR-spektroskopisch nachweisen lassen.

Im folgenden wird auf die Wechselwirkung einfacher Gase, wie Luft und H_2 (Ar als Inertgas), mit Quarz unter dem Einfluß mechanischer Energieeinwirkung an Hand von Sorptionsmessungen sowie EPR- und IR-spektroskopischer Ergebnisse näher eingegangen.

Die Bindungsenergie der Si-O-Bindung beträgt 370 kJ/mol, die der SiH-Bindung wird in der Literatur mit 300 kJ/mol angegeben [6], d. h. es handelt sich um relativ starke Bindungen. Die Bildung von SiH-Gruppen am amorphen und reaktiven – im Vergleich zum eingesetzten Hohenbockaer Quarzsand – Aerosil erfolgt bei thermischer Energiezufuhr erst bei Temperaturen oberhalb 800 K [7].

2. *Experimentelles*

Die Untersuchungen wurden vorzugsweise mit Hohenbockaer Quarzsand durchgeführt. Die mechanische Energieeinwirkung erfolgte auf einer Laborschwingmühle in Korundgefäßen mit Korundkugeln. Die Sorptionsmessungen wurden während der Bearbeitung, die übrigen Untersuchungen im Anschluß an die Bearbeitung durchgeführt. Aus dem Druckabfall in der Apparatur wurde die absorbierte Gasmenge (Absorbat) ermittelt. Über experimentelle Einzelheiten wird an anderer Stelle berichtet [8, 9]. Die g-Werte – außer g_2 – wurden aus den Extremwerten der 1. Ableitung ermittelt. Die angegebenen E'-Zentrenzahlen sind Mindestkonzentrationen.

3. *Ergebnisse und Diskussion*

Aus der mit steigender Bearbeitungszeit – parallel zur Zunahme des Amorphanteils [8, 9] – wachsenden sorbierten H_2- und O_2-Menge (N_2 der Luft ist inert) läßt sich noch nicht auf die Art der Wechselwirkung, z. B. Physi- oder Chemisorption, schließen. Beim Ar tritt bei der Versuchstemperatur von 330 K keine nachweisbare Sorption an den frischen Bruchflächen ein (vgl. Tab. 1, Absorbat).

Der Nachweis einer chemischen Wechselwirkung zwischen Quarz und dem eingesetzten Gas läßt sich EPR-spektroskopisch führen, wie aus Fig. 1 zu ersehen ist. Hier sind die EPR-Spektren der in 3 verschiedenen Gasatmosphären gemahlenen Quarz-Proben wiedergegeben. Die in Ar- und H_2-Atmosphäre bearbeiteten Quarz-Proben ergeben das gleiche Hauptsignal mit den angegebenen charakteristischen $g_\perp$- und $g_{||}$-Werten. (Das in H_2- Atmosphäre am Quarz erzeugte Spektrum wurde mit höherer Verstärkung registriert als das in Ar-Atmosphäre erzeugte Spektrum.) Bei den in H_2 bearbeiteten Quarz-Proben werden zusätzlich 2 kleinere, symmetrisch zum Hauptsignal auftretende Linien nachgewiesen.

Von den in H_2- und Ar-Atmosphäre erzeugten Spektren am Quarz deutlich verschieden ist das EPR-Signal, das an den in Luft gemahlenen Quarz-Proben nachgewiesen wird (Abb. 1). Es ist auf die chemische Wechselwirkung des

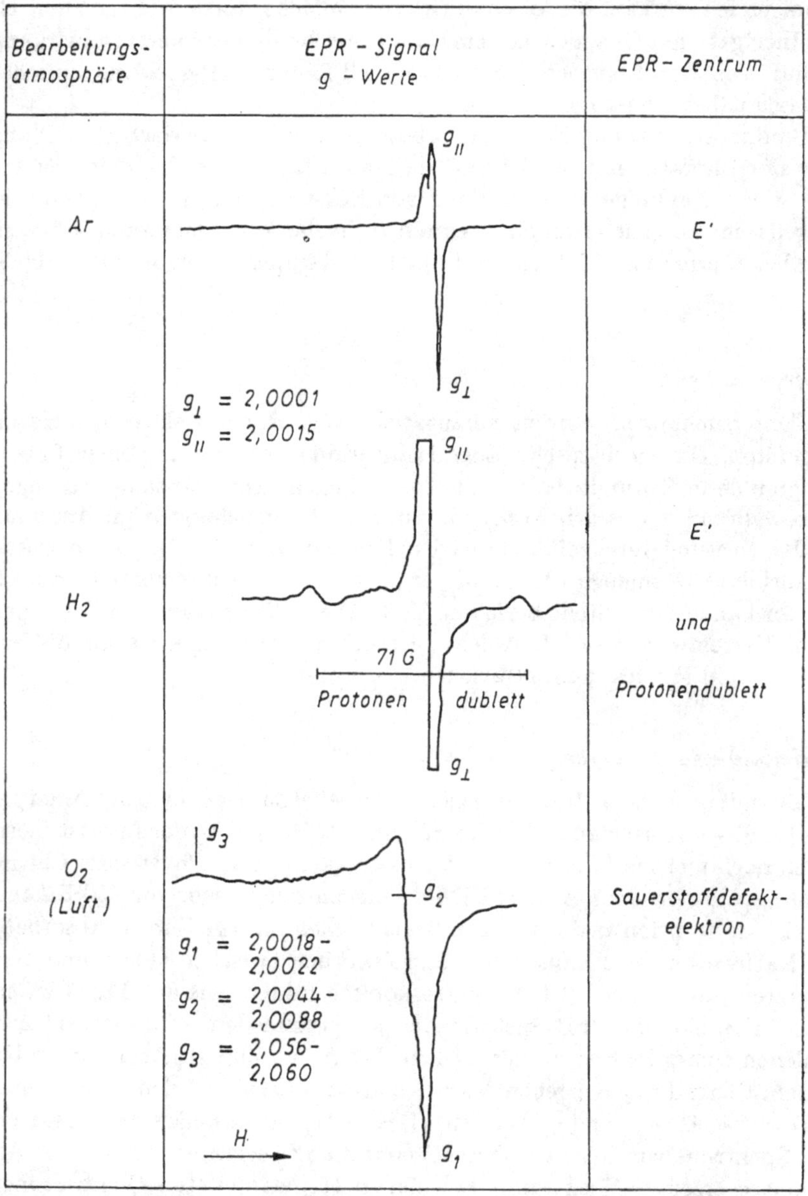

Abb. 1 EPR-Spektren von Quarz-Proben nach mechanischer Energieeinwirkung (statt 71 G lies 73 G)

Festkörpers mit dem O_2 der Luft zurückzuführen, N_2 verhält sich hierbei inert. (In N_2-Atmosphäre wird das gleiche Spektrum wie in Ar-Atmosphäre erzeugt.)

Die Intensität aller Spektren nimmt mit steigender Bearbeitungszeit und damit steigendem Absorbat zu. Bei Verwendung von Brasilianischem Bergkristall oder auch von Aerosil anstelle des Hohenbockaer Quarz-Sandes werden die gleichen Zentren erzeugt.

Wie Vergleiche mit der Literatur zeigen, handelt es sich bei dem in H_2- und Ar-Atmosphäre erzeugten Hauptsignal um *E'*-Zentren. Es wurden Arbeiten von WEEKS [10] herangezogen, der das gleiche Zentrum an bestrahlten Kieselgläsern erzeugte. Dieses Zentrum entsteht z.B. auch bei der Aktivierung im Niederdruckplasma [11]. Nach WEEKS [10] hat das *E'*-Zentrum die in Abb. 2 angegebene Struktur. Trotz der z.Z. noch nicht als abgeschlossen zu betrachtenden Diskussion der strukturellen Umgebung der *E'*-Zentren gilt als gesichert, daß sie ungepaarte Elektronen in „dangling orbitals"; d.h. in nicht-

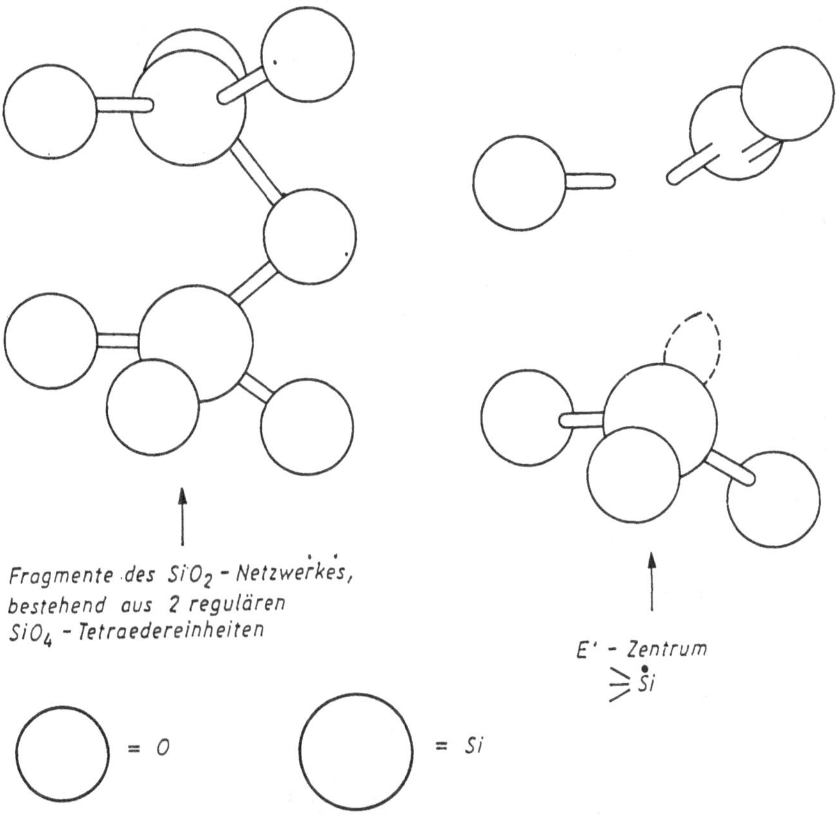

Abb. 2 *E'*-Zentrum im SiO_2 nach WEEKS [10]

bindenden sp^3-Hybridbahnen an Si-Atomen sind, denen wahrscheinlich ein O-Nachbar fehlt. Vereinfacht sind das $\geqslant Si^{\cdot}$-Radikale.

Bei der Zerkleinerung von Quarz unter UHV-Bedingungen treten ebenfalls E'-Zentren auf [12]. Die Bildung der E'-Zentren setzt keine Wechselwirkung des Quarzes mit der Gasphase, d.h. also auch nicht mit H_2, voraus. Sie läßt sich durch homolytische Spaltung der Si—O-Bindung erklären [12, 13]. Das hierbei außerdem zu erwartende $SiO^{\cdot}$-Radikal, das z.B. durch Bestrahlung in Kieselgläsern entsteht [14], konnte EPR-spektroskopisch nicht nachgewiesen werden.

Die an den in H_2-Atmosphäre bearbeiteten Quarz-Proben zusätzlich – im Vergleich zur Ar-Atmosphäre – auftretenden beiden kleineren Signale sind ein Protonendublett, hervorgerufen durch Hyperfeinwechselwirkung mit einem Proton. Dubletts mit gleichem Abstand werden bei der Bestrahlung von Kieselgläsern erhalten, in die zuvor bei erhöhter Temperatur unter höherem Druck H_2 inkorporiert wurde [15]. Die Ursache für das durch mechanische Energieeinwirkung erzeugte Protonendublett ist die chemische Wechselwirkung von Wasserstoff mit einer Art von E'-Zentren. Auf Grund der EPR-Ergebnisse kommen dafür etwa folgende Strukturen in Frage:

$$>\dot{S}iH \quad \text{und/oder} \quad >\dot{S}iOH.$$

H-Atome können direkt oder über ein O-Atom an ein E'-Zentrum, d.h. an ein $\geqslant Si^{\cdot}$-Radikal, gebunden sein.

Die Bildung des in Luft-Atmosphäre am Quarz erzeugten Spektrums ist an die O_2-Anwesenheit während der Bearbeitung gebunden. Das erzeugte Zentrum ist mit keinem der bisher in der Literatur beschriebenen ähnlichen Zentren identisch, die durch andere nichtthermische Aktivierungsmethoden erzeugt werden [16]. Zum Unterschied vom E'-Zentrum handelt es sich bei diesem Zentrum den g-Werten (s. Abb. 1) nach um ein Sauerstoffdefektelektronen-Zentrum (im folgenden kurz: SDE-Zentrum). Zur Zeit müssen noch 2 Interpretationsmöglichkeiten diskutiert werden:

1. Defektelektron an einem brückengebundenen Sauerstoff:

   $\geqslant Si - O^{+} - Si \leqslant$ [11] bzw..

2. O_2^--Radikalion an einem positiv geladenen Si-Atom:

   $\geqslant Si^{+}O_2^{-}$,

jeweils in gestörter Struktur, d.h. an speziellen Struktureinheiten, die für den durch mechanische Energiezufuhr erzeugten amorphen Zustand [1] charakteristisch sind.

Schrader u.a. [17], die sich auch mit der mechanischen Aktivierung von Quarz in Gegenwart von Luft beschäftigt haben, nehmen folgende Reaktionsschritte an:

$$\geqslant\mathrm{Si}\,.\int\ \mathrm{O{-}Si}\leqslant$$

$$\geqslant\mathrm{Si}^{\cdot} + \mathrm{O_2} = \geqslant\mathrm{Si{-}O{-}O}^{\cdot}$$

$$2\geqslant\mathrm{SiO}^{\cdot} + \mathrm{O_2} = 2\geqslant\mathrm{Si{-}O{-}O}^{\cdot}$$

$$\rightarrow\ \geqslant\mathrm{Si^{+}O_2^{-}}$$

Auf Grund der unterschiedlichen Elektronegativität der Si- und O-Atome sollte nach [17] ein Elektronenübergang innerhalb des gebildeten Peroxidradikals unter Bildung des Radikalions erfolgen.

In Analogie hierzu stehen auch die Vorstellungen von HOCHSTRASSER und ANTONINI [12] zum Mechanismus der Bildung von CO_2^--Radikalionen bei der Reaktion von CO_2 mit mechanisch aktiviertem Quarz:

$$\geqslant\mathrm{Si}^{\cdot} + \mathrm{CO_2} = \geqslant\mathrm{Si^{+}CO_2^{-}}.$$

Die Tatsache, daß die SDE-Zentren bei mechanischer Energiezufuhr von Quarz nur in einer O_2-enthaltenden Atmosphäre gebildet werden, spricht mehr für die unmittelbare Beteiligung des Sauerstoffs an der SDE-Zentrenbildung und damit für ein O_2^--Radikalion.

Aus den EPR-Zentren lassen sich – wie dargelegt – Rückschlüsse auf Elementarprozesse am Quarz ziehen. Im folgenden wird ein Vergleich der EPR-Zentren – E'-Zentren und SDE-Zentren – mit der Zahl der Bindungsbrüche bei der Schaffung neuer Oberfläche vorgenommen. Hierbei wird davon ausgegangen, daß bei der Schaffung neuer Oberfläche als statistisches Mittel rund $5 \cdot 10^{18}$ Si-O-Bindungen/m² aufgebrochen werden [12, 18] und die Zentren sich nur an der Oberfläche befinden. Bei Ar und O_2 liegen die Zentrenzahlen um den Faktor 5 und bei H_2 um den Faktor 60 niedriger als theoretisch möglich sein sollte (Tab. 1). In Ar-Atmosphäre ergeben sich um 2 Größenordnungen höhere Werte als unter UHV-Bedingungen [12]. Die Ursache ist darin zu sehen, daß intensiver und länger aktiviert wurde, wodurch ein großer Teil der EPR-Zentren sich in den amorphen Bereichen befindet und nicht nur an der Oberfläche [8].

Tab. 1 zeigt auch den starken Einfluß der Gasatmosphäre auf die Art und Zahl der gebildeten Zentren. Die in H_2 gegenüber Ar erniedrigte Zentrenzahl wird durch die teilweise Reaktion der Zentren mit dem H_2 erklärt. Erfolgt die Bearbeitung bei H_2-Partialdrücken unter 10^4 Pa, so steigt die E'-Zentrenzahl an. Hier reicht offenbar das H_2-Absorbat nicht mehr aus, um die E'-Zentren in dem Maße abzusättigen, wie das bei höheren Drücken der Fall ist. Die chemische Wechselwirkung von H_2 mit dem Quarz kommt auch durch das auftretende Protonendublett zum Ausdruck.

Wird das Verhältnis von absorbierten Gasmolekeln n zu Zentrenzahl Z berechnet, so ergeben sich große Unterschiede zwischen O_2 und H_2 (Tab. 1, n/Z). Die Werte ändern sich für die einzelnen Gase bei unterschiedlich langer mechanischer Bearbeitungszeit nicht wesentlich. Sie werden auch bei milden

Tabelle 1 Vergleich der EPR-Zentren und des H_2- bzw. O_2-Absorbats mit den aufgebrochenen Si–O-Bindungen am mechanisch aktivierten Quarz.

Bearbeitungs-atmosphäre	spez. Oberfläche [m²/g]	EPR-Zentren Art	Zahl Z [m^{-2}]	Absorbat n [Moleküle/m²]	n/Z
(UHV)	0,5	E′	1 10^{16} [2])	–	
Ar	12	E′	1 10^{18}	–	
H_2	16	E′	$9 \cdot 10^{16}$	$1{,}5 \cdot 10^{19}$	$2 \cdot 10^{4}$
O_2 (Luft)	20	SDE[1])	1 10^{18}	$2 \cdot 10^{18}$	2

statist. Mittel an aufgebrochenen Si–O-Bindungen: $\approx 5 \cdot 10^{18}/m^2$ [2]), [3])

[1]) SDE = Sauerstoffdefektelektronen;

[2]) Hochstrasser, Antonini [12];

[3]) Streleckij, Butjagin [18]

mechanischen Bearbeitungsbedingungen erzielt und sind für das jeweilige Gas charakteristisch. Für O_2 z. B. bedeutet der Wert 2, daß bei 2 absorbierten O_2-Molekeln durchschnittlich 1 SDE-Zentrum gebildet wird. Dieser Wert wird auch in der Literatur [13] angegeben.

Wenn EPR-spektroskopisch die Bildung von $>\dot{S}iH$- bzw. $>\dot{S}iOH$-Gruppen diskutiert wird, sollte die Bildung von

$$\geqslant SiH\text{- und } \geqslant SiOH\text{-Gruppen}$$

erst recht zu erwarten sein. Beide Gruppen lassen sich IR-spektroskopisch nachweisen. In Abb. 3 sind die Spektren der unter H_2 gemahlenen SiO_2-Proben im Gebiet der SiH-Valenzschwingungen dargestellt. Im Spektrum der 8 Stunden gemahlenen Probe wird νSiH bei 2 280 cm^{-1} beobachtet und damit die Bildung von SiH-Gruppen nachgewiesen. Die Intensität dieser Bande nimmt mit steigender Bearbeitungszeit und damit steigendem H_2-Absorbat zu. In den Spektren der unter Ar gemahlenen Proben tritt diese Bande nicht auf.

Werden die mit den verschiedenen Methoden ermittelten H_2-Mengen verglichen, so ergibt sich:

$$n_{H_2} > n_{\geqslant SiH, \geqslant SiOH} > n_{>\dot{S}iH, >\dot{S}iOH}$$

(n_{H_2}- insgesamt absorbierte H_2-Menge; $n_{\geqslant SiH, \geqslant SiOH}$-IR-spektroskopisch nachgewiesene $>$SiH- und $>$SiOH-Gruppen;

$n_{>\dot{S}iH, >\dot{S}iOH}$-EPR-spektroskopisch bestimmte Menge an $>\dot{S}iH$- und/oder $>\dot{S}iOH$-Gruppen).

Nur ein Teil der insgesamt absorbierten H_2-Molekeln treten in chemische Wechselwirkung mit den aufgebrochenen Si—O-Bindungen unter Bildung der erörterten Gruppen.

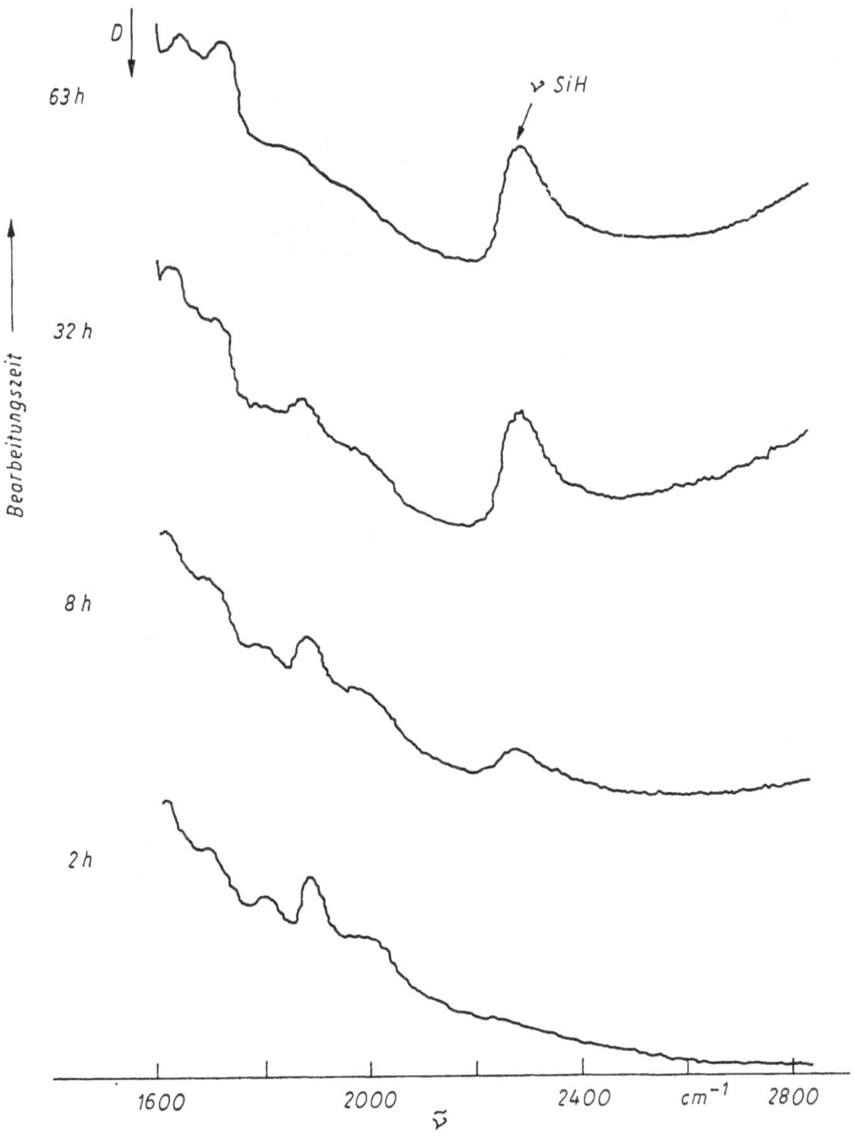

Abb. 3 IR-Spektren von Quarz-Proben nach mechanischer Energieeinwirkung (Bearbeitungsatmosphäre: H_2)

Bei den bisher diskutierten Ergebnissen wurden die Quarz-Proben in den einzelnen Gasen bei Drücken oberhalb 10^4 Pa mechanisch bearbeitet. Hierbei werden – wie dargelegt – in Luft SDE-Zentren und in Ar E'-Zentren gebildet.

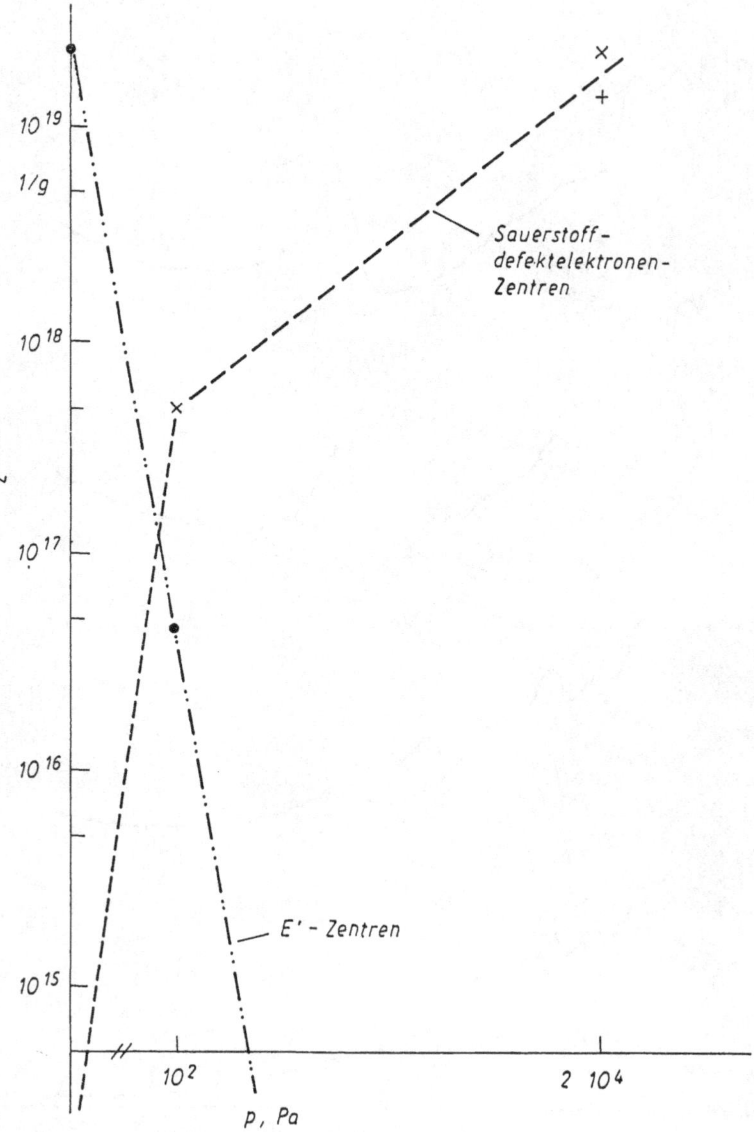

Abb. 4 Einfluß des O_2-Partialdruckes p während der mechanischen Energieeinwirkung auf die Art und die Zahl (Z) der erzeugten EPR-Zentren in Quarz-Proben (prinzipieller Verlauf)

In bezug auf den O_2-Partialdruck bedeutet die Ar-Atmosphäre einen höchstens durch Spuren an O_2-Verunreinigungen bestimmten sehr kleinen Wert. Hier werden keine SDE-Zentren nachgewiesen, aber E'-Zentren. Diese treten wiederum bei der Bearbeitung in Luft nicht auf. Es sollte nun einen O_2-Druckbereich geben, in dem ein Umschlagen der Zentrenart erfolgen muß bzw. in dem beide Zentren gebildet werden und nachzuweisen sind. Der Druckbereich zwischen 10^1 und 10^3 Pa für den O_2-Partialdruck liegt in diesem Übergangsgebiet. Hier reicht der O_2-Partialdruck nicht aus, um die bei höheren Drücken ($>10^4$ Pa) erreichbare Zentrenzahl zu erzielen. Ein Teil der Bindungsbrüche läßt sich deshalb noch in Form der E'-Zentren nachweisen. Da beide Werte mehr als eine Größenordnung niedriger liegen als bei der mechanischen Energieeinwirkung unter Normaldruck (Luft bzw. Ar), muß eine Konkurrenzreaktion zwischen beiden Zentrenarten an den Orten der aufgebrochenen Bindungen ablaufen (vgl. Abb. 4).

Die gegenseitige Beeinflussung der Zentren läßt sich außer durch die Verringerung des O_2-Partialdruckes auch durch die mechanische Bearbeitung der Quarz-Proben nacheinander in beiden Gasatmosphären, Ar und Luft, nachweisen. Dabei wurde festgestellt, daß durch die Vorbearbeitung in der einen Atmosphäre und durch die damit vorbundene Erzeugung der gestörten Bereiche bei der anschließenden Bearbeitung in der anderen Atmosphäre eine sehr schnelle Bildung der neuen Zentrenart erfolgt, während die Zahl der anderen Zentrenart zurückgeht.

Den beteiligten wiss.-techn. Mitarbeitern, Frau W. Fitzner, Herrn E. Hennig, Frau A. Hoffmann, Frau U. Nissel und Frau G. Perner, sei an dieser Stelle herzlich gedankt.

Literatur

[1] U. Steinike, B. Müller, I. Ebert, H.-P. Hennig, J. Richter-Mendau, Sitzungsberichte der AdW der DDR **3 N** (1981) 150.
[2] P. A. Thiessen, Z. Chem. **5** (1965) 162.
[3] P. A. Thiessen, K. Meyer, G. Heinicke, Grundlagen der Tribochemie, Abh. Dtsch. Akad. Wiss., Kl. Chem. Geolog. und Biol. Nr. 1 (1966).
[4] P. A. Thiessen, G. Heinicke, K. Meyer in: Boldyrev, V., Meyer, K., Festkörperchemie, Leipzig (1973) S. 497.
[5] G. Heinicke, Tribochemistry, Akademie-Verlag Berlin, in Vorbereitung.
[6] L. Pauling, Die Natur der chemischen Bindung, Weinheim/Bergstraße (1964) S. 80.
[7] G. Marx, P. Fink, Wissenschaftl. Ztschr. Friedrich-Schiller-Univ. Jena, Math.-Nat. R. **26** (1977) 743.
[8] U. Steinike u.a., Kristall und Technik **13** (1978) 597, 1229.
[9] H.-P. Hennig, I. Ebert, U. Steinike, H. Geissler, U. Kretzschmar, Kristall und Technik **15** (1980) 353.
[10] R. A. Weeks, Physic. Rev. **130** (1963) 570.
[11] K. Meyer, H.-J. Tiller, E. Welz, W. Kühn, Z. Chem. **14** (1974) 146.

[12] G. HOCHSTRASSER, J. F. ANTONINI, Surface Science **32** (1972) 644, 665.
[13] V. A. RADCIG, A. V. BYSTRIKOV, Kinetika i Katalis **XIX** (1978) 713.
[14] A. R. SILIN, L. N. SKUJA, A. V. SHENDRIK, Fiz. Chim. Stekla **4** (1978) 405.
[15] J. WITKO jun., J. appl. Physics **49** (1978), 5530.
[16] U. STEINIKE, B. MÜLLER, I. EBERT, H.-P. HENNIG, Kristall und Technik **14** (1979) 1469.
[17] R. SCHRADER, R. WISSING, H. KUBSCH, Z. anorg. allg. Chem. **365** (1969) 191.
[18] A. N. STRELECKIJ, P. Ju. BUTJAGIN, DAN SSSR **225** (1975) 1118.

H.-G. Jerschkewitz u. K. Ehrhardt

Zur Oberflächenchemie des Aerosils

Durch Reaktion der Oberflächen-Silanolgruppen von Siliciumdioxid in Form des Aerosil-200 mit Vanadinoxidchlorid, $VOCl_3$ und nachfolgender Hydrolyse mit Wasserdampf erhält man hochdisperse Vanadin(V)-oxid-Katalysatoren. Sie sind – bedingt durch das Herstellungsverfahren – dadurch gekennzeichnet, daß

– der Reaktionsschritt eine atomar-disperse Verteilung des Vanadins bewirkt
– der Hydrolyseschritt die entstandenen Si—O—V-Bindungen zum größten Teil wieder aufbricht und eine Neuformierung der Aktivkomponente bewirkt. Die damit verbundenen Transportprozesse beschränken sich dabei auf eine Migration an der Oberfläche, weil ein Lösungsmittel nicht vorhanden ist. Die dadurch bewirkte sehr hohe Dispersität und Homogenität macht solche Katalysatoren besonders geeignet zum Studium der Wechselwirkung zwischen Träger und Aktivkomponente.

Besonders auffällig ist die außerordentlich starke Abhängigkeit der katalytischen Aktivität von der thermischen Vorbehandlung des Aerosil-Trägers.

In der Abb. 1 ist das katalytische Verhalten bei der Buten- und bei der Äthanoloxydation in Abhängigkeit von der Vorausheiztemperatur des Trägers dargestellt. Alle Katalysatoren enthalten 0,8% Vanadin. Man sieht, daß bei beiden katalytischen Reaktionen im Temperaturbereich zwischen 673 und 873 K ein Aktivitätssprung um den Faktor 15 bzw. 30 auftritt.

Die thermische Vorbehandlung des Aerosil-Trägers bewirkt weder eine Veränderung der Textur noch der spezifischen Oberfläche, jedoch eine mit steigender Temperatur stetige Abnahme der Konzentration der Silanolgruppen an der Oberfläche von etwa 0,8 auf 0,2 mmol/g im betrachteten Temperaturbereich.

In vorangegangenen Arbeiten [1, 2] konnte nachgewiesen werden, daß unterschiedliche Vanadinoxid-Oberflächenspezies auf der Trägeroberfläche existieren können. Bietet die Aerosiloberfläche eine große Zahl von Silanolgruppen an, wie dies bei niedriger Vorausheiztemperatur der Fall ist, so entstehen zweidimensionale Clustermoleküle mit einer sehr geringen Anzahl von *V*-Atomen – vermutlich drei –, in denen sich das Vanadin in tetraedrischer Sauerstoff-

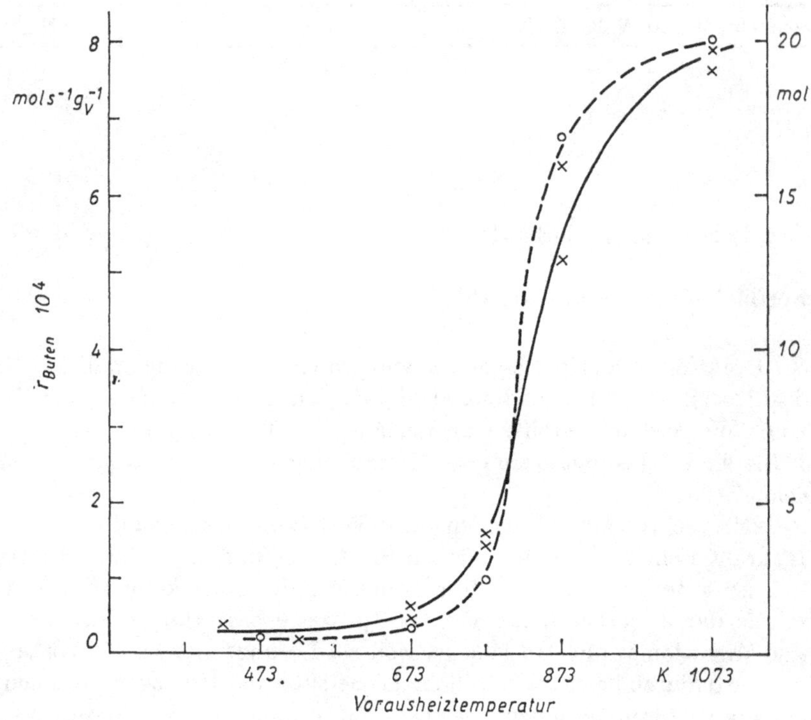

Abb. 1 Abhängigkeit der katalytischen Aktivität r der Buten- (— × —) bzw. der Äthanol-Oxydation (--○--) von Vanadinkatalysatoren (0,8% V) von der Vorausheiztemperatur der Aerosilträger

umgebung befindet. Hochausgeheiztes und daher OH-gruppenarmes Aerosil führt dagegen zur Bildung räumlicher Cluster mit oktaedrischer Sauerstoffumgebung des Vanadins mit einer Struktur ähnlich der des Decavanadations.

Diese im Verlauf der Hydrolyse und einer gelinden thermischen Nachbehandlung erfolgende Differenzierung in zwei unterschiedliche Spezies sehen wir als Folge zweier konkurrierender Reaktionen an, nämlich der Homokondensation von Vanadinsäuremolekülen untereinander (im Sinne der klassischen Isopolysäurebildung) und der Heterokondensation derselben oder ihrer niederen Kondensationsprodukte mit den Si—OH-Gruppen. Bietet die Trägeroberfläche viele OH-Gruppen an, so wird die Heterokondensation überwiegen, im anderen Falle findet überwiegende Homokondensation statt und führt zur Ausbildung der höherkondensierten Decavanadatstruktur.

Es schien jedoch zweifelhaft, die ausgeprägte Steuerfunktion, die die Silanolgruppen des Trägers auf die Ausbildung der beiden Vanadin-Oberflächenspezies ausüben, ausschließlich auf deren Konzentration zurückzuführen. Im

Bereich des katalytischen Eigenschaftssprunges ändert sie sich nur um etwa 0,18 mmol/g und keineswegs sprunghaft. Es war daher zu prüfen, ob nicht auch Veränderungen qualitativer Art von Bedeutung sind, zumal Hinweise hierfür bereits in der Literatur zu finden sind [3, 4, 5].

Eine experimentelle Möglichkeit bot sich in der genauen Analyse des Chlor/Vanadin-Verhältnisses im Reaktionsprodukt von Aerosil mit Vanadinoxidchlorid, wobei sowohl die Vorausheiztemperatur des Aerosils als auch das Angebot an $VOCl_3$ variiert wurden.

In mehreren Versuchsreihen wurden in je einem gesonderten Versuch einer konstanten Aerosilmenge bestimmter thermischer Vorbehandlung eine definierte Menge Vanadinoxidchlorid in Tetrachlorkohlenstoff gelöst angeboten und diese Menge von Versuch zu Versuch gesteigert, solange, wie noch vollständige Reaktion erfolgte. Die Reaktion erfolgte bei 353 K, das Reaktionsprodukt wurde nach Abdestillieren des Lösungsmittels analysiert. Es wurde unter strengstem Feuchtigkeitsausschluß unter Argonschutzgas gearbeitet.

In Abb. 2 ist das analytisch bestimmte Cl/V-Verhältnis in Abhängigkeit von der angebotenen (= verbrauchten) Vanadinmenge dargestellt, und zwar für vier Aerosilchargen mit den Vorausheiztemperaturen 523, 673, 873 und 1073 K. Man sieht, daß

- das Verhältnis Cl/V mit steigender Vorausheiztemperatur des Aerosils größer wird und für jede der gewählten Vorausheiztemperaturen mit steigendem Vanadinangebot ansteigt,
- der Wert Cl/V = 2 in keinem Falle erreicht wird und auch Cl/V-Verhältnisse <1 vorkommen.

Je nach der geometrischen Anordnung der Oberflächen-Silanolgruppen kann $VOCl_3$ mit einer, mit zwei oder auch drei OH-Gruppen reagieren (Abb. 3). Entsprechend diesen Reaktionsmöglichkeiten seien Zentren wie folgt definiert:
ein S_1-Zentrum ist eine einzelständige OH-Gruppe, ein S_2-Zentrum eine solche geometrische Anordnung zweier OH-Gruppen, die eine Reaktion mit einem $VOCl_3$-Molekül ermöglicht und ein S_3-Zentrum eine geometrische Anordnung dreier OH-Gruppen derart, daß alle drei mit einem $VOCl_3$-Molekül reagieren können. Diesen Zentren entsprechen Cl/V-Verhältnisse von 2 bzw. 1 bzw. 0.

Aus den in Abb. 2 dargestellten Ergebnissen können dann folgende qualitativen Schlußfolgerungen gezogen werden:

1. Es müssen verschiedene Zentren nebeneinander reagieren, denn Cl/V ist nicht ganzzahlig.

2. Die Abhängigkeit des Cl/V-Verhältnisses von der angebotenen $VOCl_3$-Menge zeigt, daß die einzelnen Zentrenarten mit unterschiedlichem Gewicht reagieren. S_3-Zentren reagieren offensichtlich bevorzugt vor S_2-Zentren und diese bevorzugt vor S_1-Zentren. Wäre dies nicht der Fall, d.h. wenn die drei Zentrenarten mit gleichem Gewicht reagieren, so würde man für jede Vorausheiztemperatur ein konstantes Cl/V-Verhältnis erhalten, das also unabhängig vom Vanadinangebot ist und nur durch das Konzentrationsverhältnis der Zentren

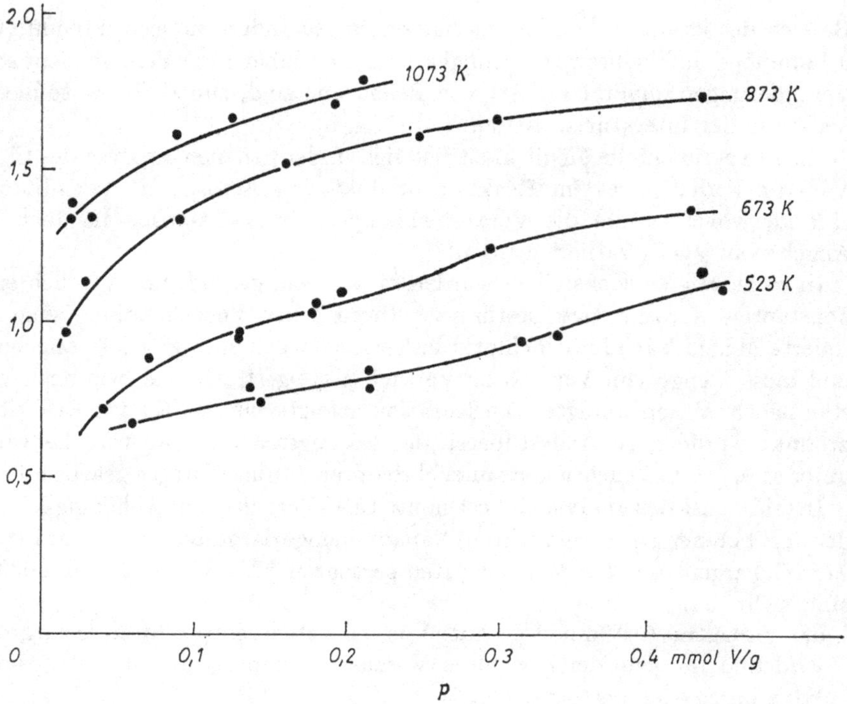

Abb. 2 Abhängigkeit des Cl/V-Verhältnisses vom V-Angebot für verschiedene Vorausheiztemperaturen; Meßpunkte und angepaßte Kurven

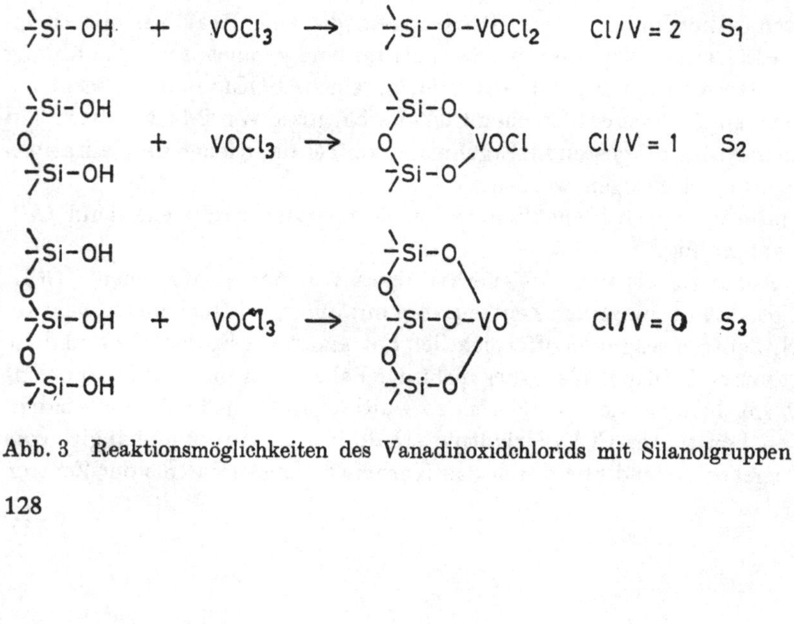

Abb. 3 Reaktionsmöglichkeiten des Vanadinoxidchlorids mit Silanolgruppen

bestimmt wird. Andererseits würde eine Umkehrung der Gewichte Kurven mit fallender Tendenz zur Folge haben.

3. Der Anteil höherer Zentren – S_2 und S_3 – nimmt mit sinkender Vorausheiztemperatur zu, entsprechend dem niedrigeren Cl/V-Verhältnis.

Daß S_3-Zentren tatsächlich vorhanden sind, ergibt sich daraus, daß Cl/V-Verhältnisse <1 vorkommen.

Zu quantitativen Aussagen konnten wir durch Aufstellung eines mathematischen Modells gelangen, das folgendes beinhaltet:

Die zeitliche Änderung der Vanadinverteilung auf die drei Zentrenarten in Abhängigkeit vom Angebot p an $VOCl_3$ sei proportional dem Produkt der zum Zeitpunkt t noch vorhandenen Vanadinkonzentration und der Konzentration der noch jeweils freien Zentren. Man erhält ein nichtlineares System von drei gewöhnlichen Differentialgleichungen:

$$\frac{dy_i(t,p)}{dt} = b_i(p - y_1 - y_2 - y_3)\,(s_i - y_i) \qquad (1)$$

$$i = 1, 2, 3$$

Hierin sind s_i die Zentrenkonzentrationen, b_i die Wichtungsfaktoren, welche das bevorzugte Reagieren der entsprechenden Zentrenart ausdrücken (formal als „Geschwindigkeitskonstanten" aufzufassen), y_i die zum Zeitpunkt t jeweils bereits besetzten Zentren und p das Vanadinangebot.

Aus dem stationären Verhalten der Lösungen, d. h. aus den Grenzwerten

$$\bar{y}_i(p) = \lim_{t\to\infty} y_i(t,p) \qquad (2)$$

erhält man das angebotsabhängige theoretische Cl/V-Verhältnis $Z(p)$ nach

$$Z(p) = \frac{2\bar{y}_1 + \bar{y}_2}{\bar{y}_1 + \bar{y}_2 + \bar{y}_3} \qquad (3)$$

Andererseits kann man durch Anpassung an die Meßwerte, nämlich die analytisch bestimmten Cl/V-Verhältnisse als Funktion des Angebotes p, die Parameter des Gleichungssystems, d.h. die Zentrenkonzentrationen s_1, s_2 und s_3, sowie das Verhältnis der Wichtungsfaktoren b_2/b_1 und b_3/b_1 bestimmen [8].

Als Anpassungsfunktional wurde eine absolute Fehlerquadratsumme verwendet, deren Minimum nach dem Verfahren von MARQUARDT [6] bestimmt wurde.

In Abb. 4 ist die auf diesem Wege ermittelte Zentrenverteilung in Abhängigkeit von der Vorausheiztemperatur des Aerosils dargestellt, der besseren Anschaulichkeit halber in Form der prozentualen Verteilung der den einzelnen Zentren zugeordneten OH-Gruppen.

Man sieht, daß mit steigender Vorausheiztemperatur des Aerosil-Trägers die Konzentration der Silanolgruppen in Dreierzentren kontinuierlich abnimmt. Dagegen erfolgt eine sprunghafte Zunahme der einzelständigen OH-

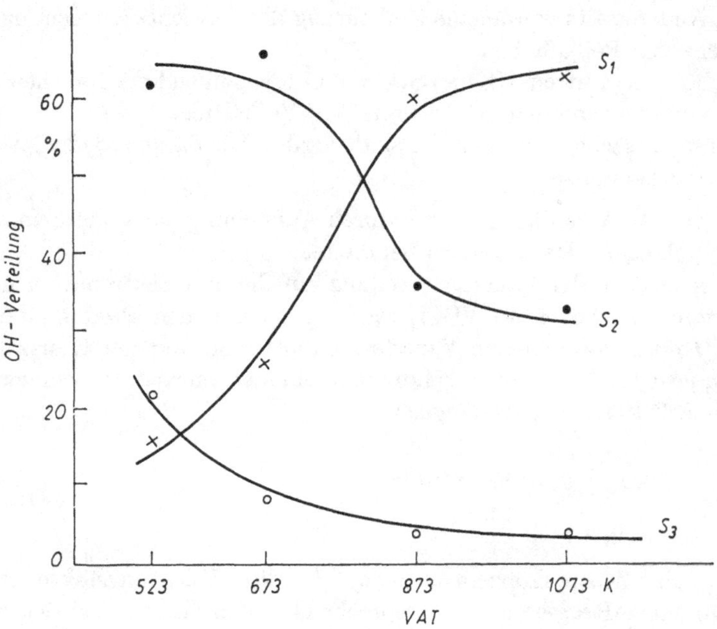

Abb. 4 OH-Gruppenverteilung als Funktion der Vorausheiztemperatur (VAT)

Gruppen und eine sprunghafte Abnahme der in Zweierzentren angeordneten OH-Gruppen im Temperaturgebiet zwischen 673 und 873 K.

Das heißt aber, daß sich nicht einfach die Konzentration der Silanolgruppen schlechthin mit steigender Vorbehandlungstemperatur verringert, sondern, daß sich dem eine sprunghafte Veränderung ihrer Qualität, nämlich der Topologie ihrer Anordnung auf der Oberfläche, überlagert, und zwar tritt dieser Qualitätssprung in genau jenem Temperaturgebiet auf, indem auch eine sprunghafte Änderung der katalytischen Eigenschaften von Vanadinkatalysatoren zu verzeichnen ist, die auf diesen thermisch unterschiedlich vorbehandelten Trägern hergestellt wurden.

Es liegt daher nahe, die Steuerfunktion, die die Silanolgruppen auf die Formierung einer hochaktiven oder einer wenig aktiven Vanadinspezies ausüben, weniger ihrer unterschiedlichen Quantität, als vielmehr ihrer verschiedenen Qualität, ihrer Topologie, zuzuschreiben.

Wie man sich dies etwa vorstellen kann, stellt die Abb. 5 schematisch dar.

Eine durch Homokondensation im Aufbau begriffene Polyvanadinsäurekette heterokondensiert mit einer Silanolgruppe, das dabei entstehende Wassermolekül lagert sich an ein Si-Atom an, wenn dies eine OH-Gruppe trägt und sich in unmittelbarer Nachbarschaft befindet (a).

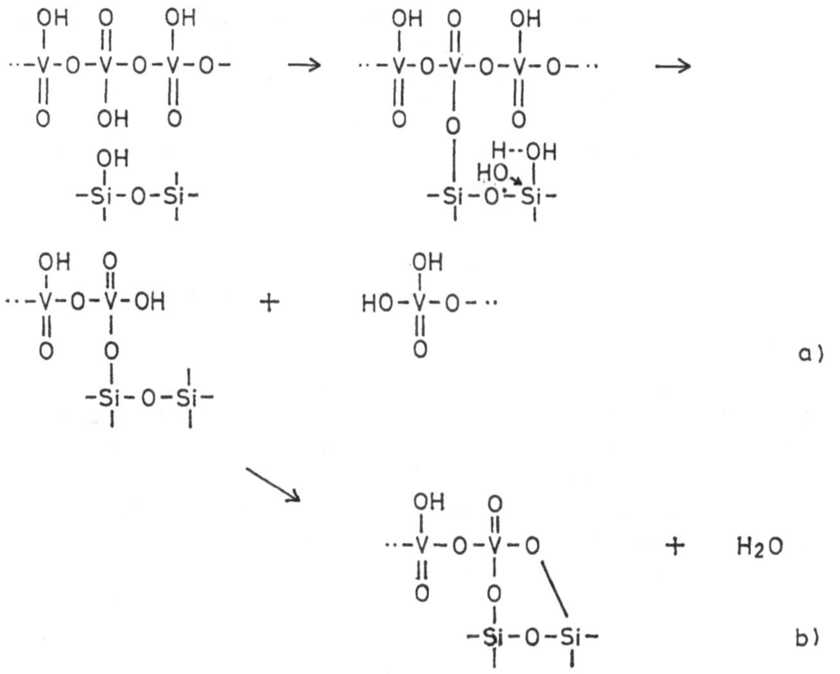

Abb. 5 Reaktionsschema für die Zweifachfixierung einer Polyvanadinsäure-Kette

Dieses H_2O-Molekül spaltet die V—O—V-Kette und das eine Spaltstück heterokondensiert mit der Si—OH-Gruppe, dadurch wird dieses Kettenende zweifach fixiert und einer möglichen Rekondensation mit dem zweiten Vanadinsäurerest entzogen (b). Insgesamt wird also die Heterokondensation begünstigt und damit die Molekülgröße begrenzt.

Diese Möglichkeit der Zweifach-Fixierung bietet aber vorzugsweise eine Trägeroberfläche niedriger Vorausheiztemperatur, denn nur sie besitzt eine überwiegende Anzahl nachbarständiger OH-Gruppen in den S_2-Zentren und auch S_3-Zentren.

Ein Kriterium für die Richtigkeit der Modellvorstellung und der aus ihr gewonnenen Aussagen über die Zentrenverteilung bietet die experimentelle Möglichkeit, die Gesamtkonzentration der OH-Gruppen auf einer Aerosiloberfläche mit der Zinkdimethyl-Methode [7] unabhängig zu bestimmen.

In Tab. 1 sind solche Meßwerte den Werten gegenübergestellt, die sich aus der Modellrechnung auf Grund des Zusammenhanges

$$s_1 + 2s_2 + 3s_3 = C_{OH} \quad (4)$$

ergeben.

Tabelle 1 Vergleich der nach der Zinkdimethylmethode bestimmten und der aus der Modellrechnung sich ergebenden Gesamt-Silanolgruppenkonzentration

Vorausheiz-temperatur (K)	Ges.-OH-Konz. in Modell	(mmol/g) Zinkdimethyl-M..
523	0,81	0,78
673	0,57	0,63
873	0,47	0,48
1073	0,21	0,25

Zusammenfassung

Aus dem analytisch bestimmten, vom Vanadinangebot abhängigen Cl/V-Verhältnis der Reaktionsprodukte von $VOCl_3$ mit Oberflächensilanolgruppen kann mittels eines mathematischen Modells die Konzentration topologisch unterschiedlicher OH-Gruppen bestimmt werden.

Sprunghafte Veränderungen der Oberflächentopologie der OH-Gruppen können mit den sprunghaften katalytischen Eigenschaftsänderungen von Vanadinkatalysatoren auf Aerosilträgern korreliert werden.

Für die auf anderem Wege nachgewiesene Ausbildung zweier unterschiedlicher Vanadinspezies kann eine plausible Arbeitshypothese, die diesen Differenzierungsprozeß erklärt, aufgestellt werden.

Für die sorgfältige experimentelle Arbeit danken wir Frau WALTRAUD EBERT.

Literatur

[1] W. HANKE, R. BIENERT u. H.-G. JERSCHKEWITZ, Z. anorg. allg. Chem. **414**, 109–129 (1975).

[2] W. HANKE, K. HEISE; H.-G. JERSCHKEWITZ, G. LISCHKE, G. ÖHLMANN u. B. PARLITZ, Z. anorg. allg. Chem. **438**, 176–194 (1978).

[3] M. L. HAIR u. W. HERTL, J. Phys. Chem. **73**, (7), 2372–2378 (1969).

[4] J. B. PERI, J. Phys. Chem. **70**, 3941 (1966).

[5] C. G. ARMISTEAD u. J. A. HOCKEY, Trans. Faraday Soc. **63**, 2549 (1967).

[6] D. W. MARQUARDT, SIAM J. **11**, 431–441 (1963).

[7] W. HANKE, Z. anorg. allg. Chem. **395**, 191 (1973).

[8] In einer an anderer Stelle beabsichtigten Veröffentlichung wird eine ausführlichere Darstellung des Lösungsverfahrens erfolgen.

K. Wagner u. K. Meyer

Zu physikalisch-chemischen Untersuchungen auf dem Gebiet Reibung, Schmierung und Verschleiß und zur Bildung von Grenzschichten auf Metallen

1. Einleitung

Die Herabsetzung von Reibung und Verschleiß in Maschinen aller Art und die Einsparung von Schmierstoffen und Zeit für Maschinenwartung und -reparatur sind volkswirtschaftlich außerordentlich wichtig. Eine der Voraussetzungen dafür besteht darin, die physikalisch-chemischen Mechanismen der Reibungs-, Schmierungs- und Verschleißvorgänge (RSV) und der damit in engem Zusammenhang stehenden Bildung von Grenzschichten auf Reibkörpern zu verstehen. Schon bei der Gründung des damaligen Instituts für Physikalische Chemie 1957 wurden Aufgabenstellungen der physikalisch-chemischen Grenzflächenmechanik (Tribophysik und Tribochemie) als eine wesentliche Arbeitsrichtung des von P. A. Thiessen geleiteten Instituts aufgenommen und bearbeitet. Probleme der Submikro-Verformung, die Weiterentwicklung der Smekalschen Vorstellungen vom athermischen Schmelzen von Festkörpern unter dem Einfluß ihrer mechanischen Bearbeitung und die Untersuchung chemischer Umsetzungen unter dem Einfluß der mechanischen Aktivierung von Festkörpern standen im Vordergrund. 1962 schlug er vor, in dem neugegründeten Radionuklidlabor die bei Verschleißvorgängen auftretenden Schichten mittels der Radionuklidanwendung zu untersuchen. Von der Mechano- bzw. Tribochemie her [1] war die Einbeziehung der Untersuchung von RSV-Vorgängen konsequent. Die heutigen Untersuchungen in der Abteilung Grenzflächenchemie des Instituts für chemische Technologie unter dem Thema „Grenzschichten auf Festkörpern" sind als Fortsetzung dieser ersten Arbeiten anzusehen, wobei die komplizierten Schichten und Schichtbildungsmechanismen jetzt unter Einsatz vieler Methoden, wie EM-, Röntgenmethoden, IR-, UV- und Mößbauer-Spektrometrie, ESMA, ESCA, DTA, Dünnschichtchromatographie, bearbeitet werden.

2. Einige Prinzipien der Untersuchungen

Die Untersuchungen sind auf die Aufklärung der Beteiligung von Schmierstoffbestandteilen an der Grenzschichtbildung auf Metallen ausgerichtet. Es wird davon ausgegangen, daß in modernen Maschinen mit hoher Leistung pro

Volumen keine rein hydrodynamische oder auch elastohydrodynamische Schmierung vorliegt, sondern daß mit Durchbrüchen des flüssigen Schmierfilms und dadurch mit Grenzschichtenreibung, Mischreibung (teils hydrodynamische, teils Festkörperreibung) und Festkörperreibung zu rechnen ist.

Wenn die Grenzschichten Reibung und Verschleiß herabsetzen sollen, müssen sie bestimmten negativen Eigenschaften der Festkörper entgegenwirken. Dies kann im Falle der vier Grundmechanismen des Verschleißes nach [2, 3, 4] auf folgenden Wegen erreicht werden:

Abrasiver Verschleiß:

Dieser auf „Rauhigkeitsverzahnung" beruhende Mechanismus, der zur Abtrennung von Material des weicheren durch den härteren Reibpartner führt, kann z.B. durch Einebnung der Rauhigkeiten des härteren Körpers durch (tribo)chemische Abtragung oder Einebnung durch plastische Deformation (REHBINDER-Effekt) vermindert werden.

Adhäsiver Verschleiß,

das ist der mit dem Mikro- und Makroverschweißen bei Reibvorgängen und dem „Fressen" eng verbundene Mechanismus, läßt sich durch Bildung trennender Zwischenschichten auf den zur Adhäsion neigenden Reibkörpern positiv beeinflussen.

Korrosiver Verschleiß

ist ein mit chemischen Umsetzungen, vor allem Oxydationsvorgängen verbundener Komplex von Vorgängen, der mit der Mechanochemie bzw. Tribochemie eng zusammenhängt und in seinen unterschiedlichen Formen auch tribochemischer, oxydativer Verschleiß, Reib- oder Tribokorrosion usw. genannt wird. Schutzschichten, die diesen Mechanismus eindämmen, müssen korrosionsinhibierende Wirkung haben.

Ermüdungs- oder Brüchigkeitsverschleiß:

Unter diesen Begriffen werden Verschleißmechanismen zusammengefaßt, die auf langsamer Herausbildung, dann aber plötzlich auftretender (Ermüdung) oder von vornherein vorhandener ausgeprägter Neigung einer Brüchigkeit des Reibkörpers beruhen. So unterscheiden sie sich von den anderen Mechanismen, die ja in irgendeiner Weise alle mit Bruchvorgängen verbunden sind. Grenzschichten können durch direkte Verfestigung der Schicht oder durch Dämpfung der bruchauslösenden Stöße eine Verschleißerniedrigung bewirken.

Bei unserer Zielstellung, Schutzwirkung nicht durch Vorbeschichtung, sondern durch Schichtbildung aus dem Schmieröl und Schmiervorgang heraus zu erreichen, ergibt sich nun die Frage nach den dafür notwendigen chemischen Eigenschaften der Schmierstoffe.

Dazu muß zunächst festgestellt werden, daß die „Grundöle", das sind vor allem Mineralöle in bestimmten Aufbereitungszuständen, bestehend aus Kohlenwasserstoffen und sauerstoffhaltigen Produkten, keine guten Schichtbildner sind. Ein Grund dafür liegt in der Tatsache, daß Metalloxide, wichtig sind vor allem Eisenoxide, die bei der Schmierung mit Grundölen und Luftzutritt vorwiegend entstehen, zur Erfüllung der vielfältigen Anforderungen an die Schichten nicht genügen.

Deshalb sind Zusätze zu den Grundölen, sogenannte Schmierstoffadditive notwendig; das sind bestimmte Verbindungen, die Halogene, Schwefel, Phosphor, Stickstoff, Metalle und andere Elemente enthalten können.

In unserem Labor wird über reibungs- und verschleißmindernde Eigenschaften von Additiven, auch unter extrem hohen Belastungen (extreme pressure, deshalb EP-Additive) gearbeitet. Neben anderen chemischen Verbindungen setzen wir besonders organische Sulfide und Disulfide [5, 6, 7] sowie Dithiophosphate [8, 9] ein, die auf Grund ihrer besonderen schichtbildenden Eigenschaften multifunktionell wirken, d.h. auch Korrosions- und Oxydationsinhibition (für den Schmierstoff) sowie Detergentwirkung zeigen.

Als wichtigste Voraussetzungen und Teilschritte für eine gleichmäßige Schichtbildung durch Schmierstoffadditive auf Reibkörpern sind zu nennen:

- gleichmäßige Additivverteilung im Schmieröl (Löslichkeit) zur Sicherung gleichmäßiger Verfügbarkeit des Additivs an der Festkörperoberfläche
- Transport zu den Festkörperoberflächen
- Adsorption von Additiven (Anreicherungen im Grenzflächenbereich)
- Reaktivität an der Grenzfläche

Die Bildung einer Grenzschicht bedeutet aber noch nicht ihre verschleiß- und reibungsmindernde oder EP-Wirkung. Dazu sind vor allem folgende Schichteigenschaften notwendig:

- genügende Reaktionsgeschwindigkeit unter den vorgegebenen Bedingungen
- genügende Schichtdicke im stationären Zustand zwischen Auf- und Abtragung
- Haftfestigkeit der Grenzschicht auf dem Reibkörper.

Als Prüfmethoden werden dynamische Einrichtungen zur Verschleiß- und Reibungsmessung, wie Vierkugelapparat, Amsler-Verschleißprüfmaschine, Stift-Scheibe-Apparatur und Reibungswaage [3, 5, 6, 8, 10] sowie statische Versuchsanordnungen, wie Hitzdrahtapparatur [11, 12] und Differentialthermoanalyse [7] angewandt, mit denen Simulations- bzw. Korrelationsuntersuchungen zu Vorgängen unter Reibungsbedingungen durchgeführt werden können.

3. Schlußbemerkungen

Diese kurze Darstellung des sehr komplexen Gebietes der Bildung von Grenzschichten in Zusammenhang mit Reibung, Schmierung und Verschleiß enthält sehr starke Vereinfachungen. Es ist das Anliegen des Beitrages, auf einige Grundüberlegungen bei der Bearbeitung dieses Gebietes hinzuweisen. Wichtige Impulse für diese Arbeitsrichtung verdanken die Autoren als langjährige Mitarbeiter dem Akademiemitglied P. A. Thiessen, dem diese Ausführungen anläßlich seines 80. Geburtstages gewidmet sind.

Literatur

[1] P. A. THIESSEN, K. MEYER G. HEINICKE, Grundlagen der Tribochemie, Akademie-Verlag Berlin 1967.

[2] J. T. BURWELL, jr., Wear **1** (1957/58), S. 120.

[3] K. WAGNER, Habilitationsschrift, TU Dresden 1969.

[4] K. WAGNER, B. PFEIL, G. KEIL, Schmierungstechnik **6** (1975), S. 297f. und S. 325f.

[5] G. KLENZ, H. JOST, K. WAGNER, Schmierungstechnik **7** (1976), S. 78.

[6] K. Wagner, K. Meyer, G. KEIL, Schmierungstechnik **8** (1977), S. 302.

[7] H. BERNDT, B. ESSIGER, K. MEYER, Schmierungstechnik **9** (1978), S. 144.

[8] K. WAGNER, H. KLOSS, Vortrag zum 16. Internationalen Symposium Schmierungstechnik, Leipzig, 8. und 9. 3. 1979.

[9] K. MEYER, G. KEIL, H. BERNDT, H. KLOSS, B. ESSIGER, J. KRÜGER, K. WAGNER, K. HOMANN, Chemische Technik **31** (1979), S. 411.

[10] W. APEL, Dissertation Friedrich-Schiller-Universität Jena 1965.

[11] J. KRÜGER, H. BERNDT, Schmierungstechnik **11** (1980), S. 200.

[12] K. MEYER, H. BERNDT, J. KRÜGER, Schmierungstechnik **11** (1980) 326.

G. Heinicke

Rolle der Temperatur bei tribochemischen Reaktionen

Die Tribochemie gehört zu den jungen Wissenschaftsgebieten, die erst in den letzten Jahren in größerer Breite wissenschaftlich bearbeitet werden. Noch vor 20 Jahren wurde von maßgeblicher Seite die Selbständigkeit dieses Gebietes bezweifelt und es als ein Teilgebiet der klassischen Chemie aufgefaßt [1]. Die zur Stützung dieser These vorgebrachten Argumente basierten auf der Beobachtung, daß bei der Übertragung machanischer Energie auf Festkörper kurzzeitig Temperaturspitzen, sog. hot spots, auftreten. Diese wurden als Ursache der erhöhten Reaktivität des Festkörpers bei Einwirkung mechanischer Energie angesehen. Eine systematische Untersuchung tribochemischer Reaktionen führte jedoch sehr schnell zu Ergebnissen, die im Widerspruch zur klassischen Thermodynamik reversibler Prozesse standen [2].

Zur Lösung dieser Widersprüche war es deshalb erforderlich, eingehender die Rolle der Temperatur bei der Auslösung tribochemischer Reaktionen zu untersuchen und von hier aus den Standort der Tribochemie gegenüber den anderen Gebieten wie der Thermochemie, Strahlenchemie und Photochemie festzulegen.

Von Bowden und Tabor [3] wurde gefunden, daß die bei der Bearbeitung auftretenden Temperaturspitzen die Schmelztemperatur des mechanisch beanspruchten Festkörpers nicht übersteigen.

Geht man davon aus, daß zur Zündung von Explosivstoffen gewisse Mindesttemperturen erforderlich sind, so lassen sich die unterschiedlichsten Stoffe bezüglich ihrer tribochemischen Wirkung als Explosionszünder nach ihren Schmelzpunkten einordnen. Wie in Tab. 1 gezeigt wird, vermögen Stoffe mit einem Schmelzpunkt unter 700 K Pentaerythrittetranitrat durch Reibung nicht zu zünden, während Stoffe mit Schmelzpunkten über 700 K durchgängig die Explosion durch Reibung auszulösen vermögen. Andere Eigenschaften, wie die Härte der Festkörper, sind dagegen von untergeordnetem Einfluß auf die Explosionszündung. Bei der Verfolgung der Ausbreitung der Explosion wurde mit Hilfe einer Hochfrequenzkamera festgestellt, daß der eigentlichen Detonation gewöhnlich ein relativ langsamer chemischer Prozeß vorausgeht. Ähnliche Erscheinungen wurden auch für die tribochemische Brandzündung von Metallpulvern bei ihrer Mahlung in reiner O_2-Atmosphäre von Heinicke und Harenz

Tabelle 1 Die Zündung von P.E.T.N. in der Gegenwart von Fremdteilchen

Fremdstoff	Mohshärte	Schmelzpunkt °C	Häufigkeit der Explosion in % (Reibung)	(Stoß)
Keine Teilchen	–	–	0	2
Ammoniumnitrat	2–3	169,6	0	2,5
Kaliumhydrosulfat	3	210	0	2,5
Silbernitrat	2–3	212	0	2
Natriumdichromat	2–3	320	0	0
Natriumazetat	1,5	324	0	0
Kaliumnitrat	2–3	334	0	0
Kaliumdichromat	2–3	398	0	0.
Silberbromid	2–3	434	50	6
Bleichlorid	2–3	501	60	27
Silberjodid	2–3	550	100	–
Borax	3–4	560	100	30
Wismutglanz	2–2,5	685	100	42
Glas	7	800	100	100
Kupferglanz	3–3,5	1100	100	50
Bleiglanz	2,5–2,7	1114	100	60
Kalzit	3	1339	100	43

beobachtet [4]. Wie Abb. 1 zeigt, ist in diesem System eine längere Mahlung erforderlich, ehe durch den Bearbeitungsprozeß die eigentliche Brandreaktion einsetzt, gekennzeichnet durch ein steiles Ansteigen der Reaktionsgeschwindigkeit um Größenordnungen, das durch den vollständigen Verbrauch des Sauerstoffs im Reaktionsraum begrenzt wird. Nach erneuter O_2-Zufuhr stellt sich wieder die ursprüglich langsam ablaufende Reaktion ein.

Diese ist als der eigentliche tribochemische Vorgang anzusehen und ist im Falle der Oxydationsreaktion nicht mehr durch die Annahme von „hot spots" als Reaktionsursache zu deuten sondern verläuft, wie von Hoffmann [5] gezeigt wurde, nach einem Frischflächenmechanismus. Wie an diesen Systemen ebenfalls nachgewiesen werden konnte, wird der Brand als Folge des Schmelzens der schützenden Oxidhaut nicht durch Reibungswärme, also durch die sog. hot spots, sondern durch die beim Ablauf der tribochemischen Reaktion freiwerdende Reaktionswärme ausgelöst [4]. Das Auftreten der für die Auslösung der Brand- und Explosionsreaktion erforderlichen Temperatur ist also nicht die Ursache, sondern die Folge der tribochemischen Reaktion.

Eine Analyse der beim Stoß eines Festkörpers im elementaren Bereich ablaufenden Prozesse führte zu dem Ergebnis, daß die mit physikalischen und chemischen Methoden nachweisbaren hochangeregten Zustände auf sehr kleine Räume und sehr kurze Zeiten beschränkt sind und daß Bedingungen vorliegen, die die Anwendung des Temperaturbegriffes nicht mehr rechtfertigen. Wir haben es mit angeregten nichtthermischen Systemen zu tun, die z.B. wie in Tab. 2 gezeigt wird, dadurch charakterisiert sind, daß die Teilchen- und Elektronentemperaturen, sowie die Temperaturen der Freiheitsgrade nicht mehr

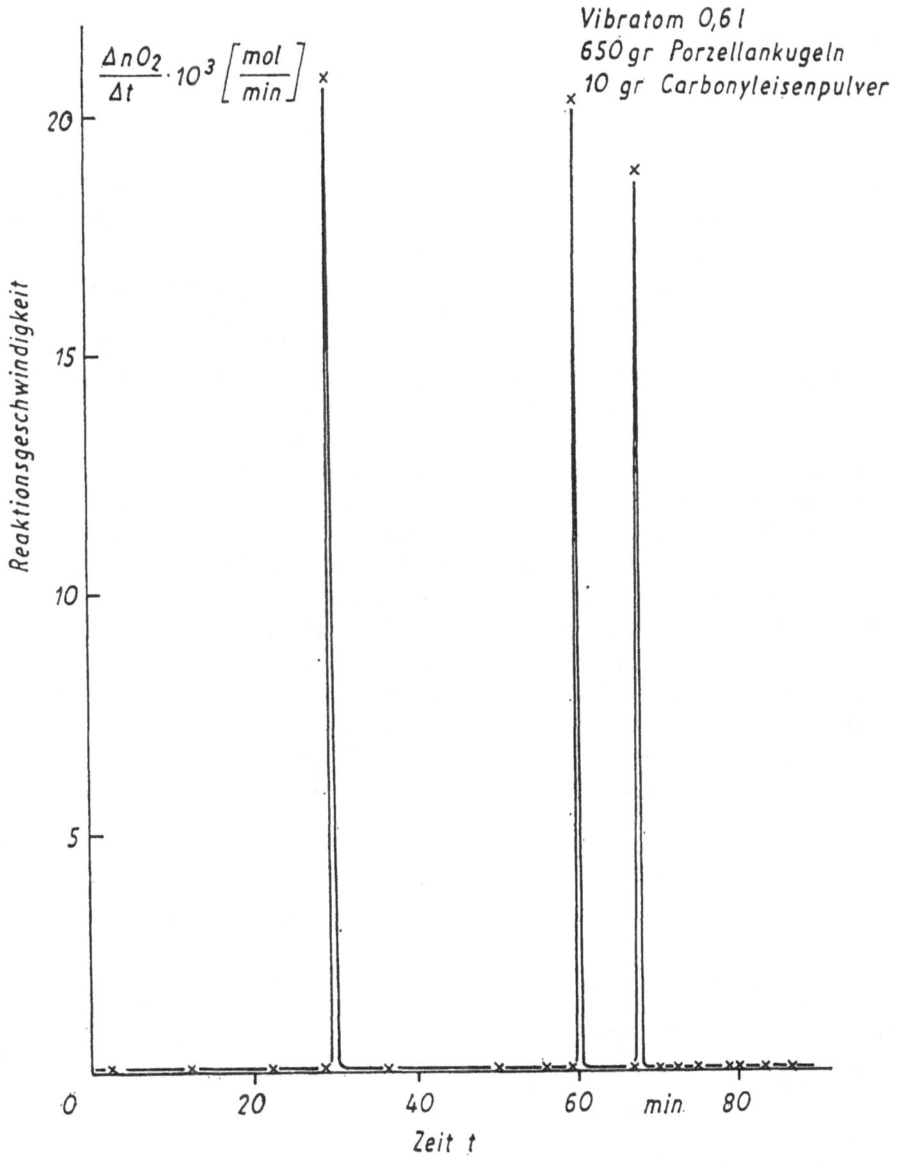

Abb. 1 Der Übergang einer tribochemischen Reaktion in einen Metallbrand bei der mechanischen Bearbeitung von Eisen in reinem Sauerstoff [4]

Tabelle 2 Nichtthermische Systeme

1.	Keine einheitliche Temperatur T $T_N \neq T_e$; $T_{tr} \neq T_{rot} \neq T_{osz}$
2.	Keine Maxwell-Boltzmannsche Verteilung
3.	Ungültigkeit des MWG
4.	RGK: $\log k = f\left(\frac{1}{T}\right)$ nicht linear

gleich sind, daß auch keine MAXWELL-BOLTZMANN-Verteilung mehr besteht, das Massenwirkungsgesetz nicht mehr gültig ist und bei Messung der Temperatur-Abhängigkeit keine ARRHENIUS-Gerade mehr erhalten wird. Untersuchungen zur Kinetik und Thermodynamik tribochemischer Reaktionen zeigten, daß tatsächlich bei solchen Reaktionen, die durch hochangeregte Zustände ausgelöst werden, die für nichtthermische Bedingungen geltenden Abhängigkeiten auftreten und daß die Beziehungen der Thermodynamik auf derartige Reaktionen nicht mehr anwendbar sind [7].

In Tab. 3 sind für einige wichtige molekulare Prozesse die charakteristischen Zeiten dargestellt. Von diesen soll die Relaxationszeit für Schwingungsprozesse hervorgehoben werden, die in der Größenordnung von 10^{-7} s liegt. Aus dem Abklingverhalten von Triboluminescenzspektren schlußfolgerte THIESSEN, daß z.B. die Lebensdauer von Triboplasmen 10^{-7} s und weniger beträgt [2]. Auf Grund neuerer spektroskopischer Untersuchungen von SCHÖNERT und Mitarbeitern wurden Anregungszeiten von 10^{-11} s gefunden. Diese entsprechen etwa 10^2–10^3 Schwingungsperioden der Gitterbausteine [8].

Damit liegen extreme Ungleichgewichtszustände vor, wie sie für ein nichtthermisch angeregtes System charakteristisch sind.

BUTJAGIN und Mitarbeiter betrachten den Prozeß der Umwandlung von mechanischer in chemische Energie speziell unter dem Aspekt der Relaxation elastischer Energie und gingen hierbei von folgender Prozeßfolge aus [9]:

$$E_{def} \rightarrow E^*_{Schwing} \rightarrow Q_W. \quad (1)$$

(E_{def} – elastische Energie, $E^*_{Schwing}$ – angeregte Schwingungsenergie, Q_W – Wärme)

Tabelle 3 Charakteristische Zeiten für molekulare Prozesse [6]

Mittlere molekulare WW-Zeit (elastischer Stoß)	10^{-14} s
Mittlere Zeit für molekulare freie Weglänge	10^{-9} s
Relaxationszeit für Molekülrotation	10^{-9} s
Relaxationszeit für Schwingungsprozesse	10^{-7} s
Metastabile Zustände	10^{-3} s

Der mechanische Impuls führt zunächst zu einer elastischen Deformation des Gitters. Da es sich in dem hier erörterten Fall um Impaktvorgänge handelt, also um eine sog. wechselnde mechanische Beanspruchung, relaxiert die elastische Energie äußerst schnell und geht hierbei in angeregte Schwingungsenergie über, die im Verlauf der Relaxation schließlich den Charakter eines „hot spots" annimmt.

Das Wesen dieser Prozesse besteht nun darin, daß in einer Zeit von 10^{-10} s die zwischenzeitlich auftretenden Schwingungszustände ($E^*_{Schwing}$) weit über den Gleichgewichtszuständen des thermischen Schwingungsspektrums, als $E_{Schwing}$ bezeichnet, liegen, wobei die Differenz $\Delta E_{Schwing} = E^*_{Schwing} - E_{Schwing}$ weitaus größer als RT, d.h.

$$\Delta E_{Schwing} \gg RT \quad \text{ist.} \tag{2}$$

Auf den tribochemischen Abbau von Polymeren angewandt, führt dieser extreme Ungleichgewichtszusand in der Kette eines Polymers zu einer besonderen Beanspruchung einzelner Bindungen und bei genügend hoher Schwingungsenergie zum Bruch der Bindung. Es wird nun angenommen, daß zunächst der gesamte Strom der sich zerstreuenden elastischen Energie durch die Bindungen der Grundkette hindurchgeht und in einem größerem Molekülabschnitt mehrere Bindungen in einen hoch angeregten Schwingungszustand versetzt..

Unter Nutzung der Schwingungsenergie eines ganzen Molekülabschnitts kommt es zur Spaltung der Polymerkette, so daß folgende Beziehung gilt:

$$E_{def} < E_{Br} < E_{Bind} \tag{3}$$

(E_{Br} - Bruchenergie, E_{Bind} - Bindungsenergie).

Man hat nun den angeregten Schwingungszuständen eine sog. Schwingungstemperatur zugeordnet und in grober Annäherung

$$RT^* \cong \Delta E_{Schwing} \tag{4}$$

gesetzt.

T^* wird im allgemeinen als die Äquivalenttemperatur des angeregten Zustandes bezeichnet, wobei diese einen nichtthermischen Ungleichgewichtszustand charakterisiert [10].

Durch Sprengung der im angeregten Schwingungszustand befindlichen Kettenabschnitt entstehen Makroradikale. Sind Wärmereaktionen gehemmt, so können sich diese Makroradikale auf Grund ihres erhöhten Energieinhalts bei niederen Temperaturen chemisch weiter umsetzen. Die wahrscheinlichste Reaktion dieser heißen Radikale ist der weitere Zerfall unter Bildung niedrigmolekularer Verbindungen. Als Beispiel ist in Abb. 2 der zu Monomeren führende mechanische Abbau von Polyformaldehyd in einer Mühle bei −78 °C dargestellt. Vergleicht man die entstehende Konzentration der Radikale und die gleichzeitig entstehende Menge an niedrigmolekularen Zerfallsprodukten,

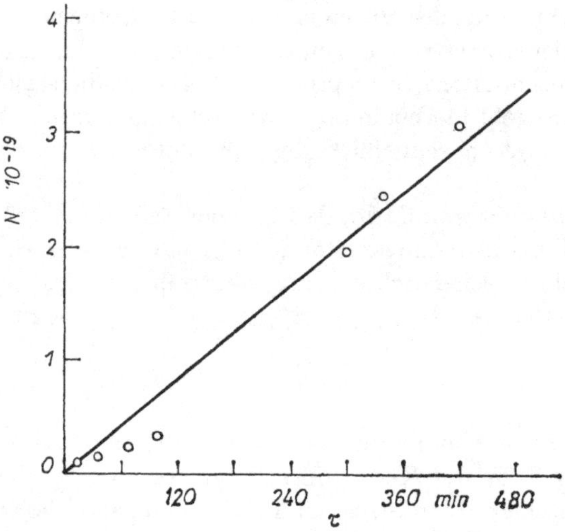

Abb. 2 Bildung niedrigmolekularer Substanzen beim mechanischen Abbau von Polyformaldehyd bei 195 K [9]

insbesondere von Monomeren, so ist die letztere um ein Mehrfaches größer als die Konzentration der Radikale.

Hieraus wird geschlossen, daß der Überschuß an Schwingungsenergie ausreicht, um mehrere monomere Glieder abzustoßen [9].

Auch bei Bruchvorgängen in Festkörpern können hochangeregte Zustände auftreten. Besonders an der Front eines laufenden Bruches herrscht kurzzeitig eine hohe Energiekonzentration [11]. In Tab. 4 sind für eine Reihe von Festkörpern die beim Bruch auftretenden Äquivalenttemperaturen dargestellt. Es zeigt sich, daß diese die Schmelztemperatur um Größenordnungen übertreffen.

Tabelle 4 Äquivalenttemperaturen T^* an Bruchspitzen bei verschiedenen Festkörpern

Festkörper	T^*, K	Bestimmungsmethode
Quarz	4500	spektroskopische Messungen
Glas	3000	spektroskopische Messungen
Zucker	2500	spektroskopische Messungen
Calcit	1250	Reaktivitätsmessungen
Magnesiumoxid	<1900	Reaktivitätsmessungen
Magnesiumcarbonat	7600	Reaktivitätsmessungen

Weitere Erkenntnisse wurden auch bei der Zersetzung von Nitraten gesammelt. Es zeigt sich, daß Natriumnitrat in den einzelnen Temperaturbereichen nach einem unterschiedlichen Mechanismus zerfällt [12]:

$$1)\ NaNO_3 \rightarrow NaNO_2 + \frac{1}{2} O_2 \quad 570-770\,K \tag{5}$$

$$2)\ NaNO_3 \rightarrow \frac{1}{2} Na_2O + \frac{1}{2} N_2 + \frac{5}{4} O_2 > 770\,K \tag{6}$$

$$3)\ NaNO_3 \rightarrow \frac{1}{2} Na_2O + NO + \frac{3}{4} O_2 \quad > 1000\,K \tag{7}$$

Im Anfangsstadium des Bruches, in dem die Fortpflanzungsgeschwindigkeit des Risses noch relativ klein ist, geht die Zersetzung vorwiegend nach den Gleichungen (1) und (2) vor sich. In dem Maße, wie der Bruchspalt sich mit höherer Geschwindigkeit ausbreitet, verläuft nach Urakajew die Zersetzung nach Gl. (3).

Ähnlich liegen die Verhältnisse bei der Zersetzung der Bromate.

$$1)\ KBrO_3 \rightarrow \frac{1}{2} K_2O + \frac{1}{2} Br_2 + \frac{5}{4} O_2 \quad \text{tribochemisch} \tag{8}$$

$$2)\ KBrO_3 \rightarrow KBr + \frac{3}{2} O_2 \quad \text{thermisch} \tag{9}$$

Die übliche thermische Zersetzung bei niedrigen Temperaturen verläuft nach Gl. 9. Der Ablauf nach Gl. 8 ist dagegen nur bei sehr hohen Temperaturen wahrscheinlich.

Nach Avvakumov et al. [13] ist bei Schwingmahlung der nach Gl. 8 ablaufende Prozeß tatsächlich die vorherrschende Reaktion, die zur Bildung von freiem Brom führt. Aus solchen Untersuchungen geht hervor, daß die Hochtemperaturreaktion bei mechanischer Bearbeitung bevorzugt abläuft. Sie lassen jedoch nicht den Schluß zu, ob es sich jeweils um einen thermischen oder nichtthermischen Reaktionsmechanismus handelt.

Bekanntlich gehören strahlen- und fotochemische Reaktionen zu den ausgesprochen nichtthermischen Prozessen. In beiden Fällen verläuft der Anregungsprozeß durch Einwirkung eines Fotons oder γ-Quants, wobei im allgemeinen die Energie der einwirkenden Strahlung größer oder gleich der Bindungsenergie der betrachteten Verbindung ist. Es entstehen deshalb auch unter diesen Bedingungen hochangeregte Zustände, die äußerst schnell relaxieren. Bei strahlenchemischen Reaktionen ist der Anregungsprozeß also nicht der limitierende Vorgang. Durch die schnelle Relaxation ist dessen Reaktionswahrscheinlichkeit jedoch gering.

Genau umgekehrt liegen die Verhältnisse beim thermischen Prozeß der Sprengung einer chemischen Bindung im Festkörper. Sie erfolgt hier durch Anreicherung einer kritischen Schwingungsenergie an einer Bindung, wobei die Schwingungsenergie der Moleküle immer viel geringer als ihre Bindungsenergie ist. Damit ist das Anregungsstadium limitiert und der thermische Anregungsprozeß trägt Kollektivcharakter. Hierdurch besitzt das Aktivierungsstadium eine relativ große Lebensdauer und folglich auch eine große Reaktionswahrscheinlichkeit.

Diese grundsätzlichen Unterschiede des thermischen und nichtthermischen Reaktionsablaufes sind z.B. die Ursache dafür, daß die Veränderung bestimmter festkörperphysikalischer Größen, wie z.B. die Änderung des freien Volumens in Abhängigkeit vom thermischen und nichtthermischen Charakter der Reaktion unterschiedlich auf die Geschwindigkeit der Reaktion einwirkt.

Da z.B. mit zunehmendem freien Volumen die Schwingungsfrequenz V_a der Gitterbausteine herabgesetzt wird, nimmt in gleicher Richtung die Wahrscheinlichkeit für die thermische Aktivierung der Reaktion ab.

Umgekehrt werden bei dem strahlenchemischen Zerfall die bei der Bindungsspaltung entstehenden Bruchstücke mit zunehmendem freien Volumen weiter von einander entfernt und damit die zur Regeneration der Bindung führende Rekombination erschwert. Mit wachsendem freien Volumen nimmt also im Gegensatz zur thermischen Zersetzung die Strahlenausbeute G_0 zu [14].

In Tab. 5 sind nach Untersuchung von Boldyrev die Änderungen des freien Volumens den Änderungen des radiolytischen, fotolytischen und tribolytischen Zerfalls von zwei verschiedenen Stoffsystemen, den Alkalibromaten und -nitraten, gegenübergestellt.

Betrachten wir an dieser Stelle nur die ersten drei Verbindungen. Mit zunehmendem freien Volumen nimmt, wie aus der Theorie hervorgeht, die Strah-

Tabelle 5 Vergleich der thermischen, strahlenchemischen, fotochemischen und tribochemischen Stabilität von Alkalibromaten und -nitraten

Stoff	Freies Volumen $V_f \cdot 10^2$, nm^3	Temperatur T des Beginns der thermischen Zersetzung, K	Ausbeute Radiolyse Moleküle/100 eV	Fotolyse Quantenausbeute, $\eta_F \cdot 10^3$	Tribolyse Zersetzungsgrad η_{tr} bei Mahlung %	η_{tr} in der Stoßwelle %
$NaBrO_3$	4,3	616	1,6		10	
$KBrO_3$	4,6	663	1,8		14	
$RbBrO_3$	4,8	679	2,4		70	
$CsBrO_3$	5,2	639	3,3		51	
$NaNO_3$	4,4	743	0,37	0,44	0,006	0,43
KNO_3	5,5	766	1,96	3,0	0,616	0,46
$RbNO_3$	5,1	713	0,80	4,0	2,500	1,00
$CsNO_3$	5,3	800	1,37	6,0	0,093	0,55

lenausbeute zu. Da die Zersetzungstemperatur in gleicher Richtung ansteigt, geht symbat mit ihr die Wahrscheinlichkeit der thermischen Reaktion zurück.

Es zeigt sich nun, daß der tribolytische Zerfall im allgemeinen immer dem radiolytischen entspricht und nicht dem thermischen.

Ein analoges Verhalten zwischen der strahlenchemischen und tribochemischen Zersetzung tritt nach Hennig auch bei den Kohlenwasserstoffen, wie dem Hexan, auf [15].

Wie Abb. 3 zeigt, ist das Verhältnis der in beiden Fällen entstehenden Zerfallsprodukte nahezu identisch. Auch die Bildung von Kohlenwasserstoffen aus den Elementen verläuft nach Hennig nicht nach einem einfachen „hot-spot"-Mechanismus, wie auf Grund von Isotopieuntersuchungen festgestellt werden konnte [16]. Wie Tab. 6 zeigt, tritt während der tribochemischen Reaktion:

$$C + 2H_2 \rightarrow CH_4 \quad (10)$$

eine Fraktionierung der Kohlenstoffisotope mit einem Faktor von 1,009 auf. Aus diesem Ergebnis läßt sich der Schluß ziehen, daß die in den Reaktionszentren örtlich und zeitlich auftretenden Temperaturen nicht höher als 700 bis

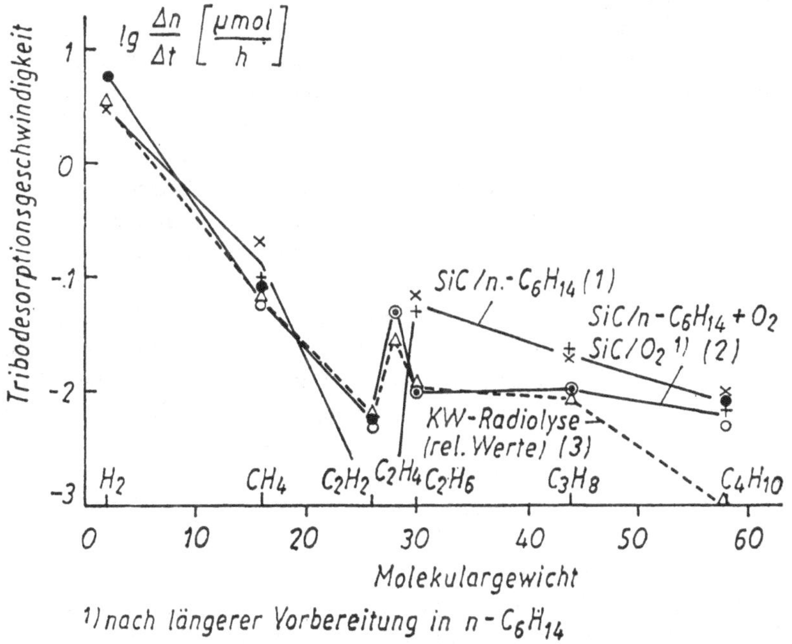

Abb. 3 Die Geschwindigkeit der Bildung niederer Kohlenwasserstoffe in Abhängigkeit vom Molekulargewicht bei der tribochemischen und strahlenchemischen Zersetzung von *n*-Hexan [15]

Tabelle 6 Auftreten eines Isotopieeffektes bei der tribochemischen Methanbildung aus den Elementen

Substanz	Isotopenverhältnis[1] ^{13}C, ‰
Graphit (Ausgangsmaterial)	−25,7
Methan (Reaktionsprodukt)	−34,5

[1] Werte auf PDB-Standard bezogen

800 K sein können. Auf Grund des gefundenen Isotopieeffektes kann das Auftreten höherer Temperaturen als reaktionsentscheidender Faktor ausgeschlossen werden. In dem angegebenen Temperaturbereich läuft die Methanbildung ohne Einwirkung mechanischer Energie nicht meßbar ab. Sehr wahrscheinlich geht die Bindungssprengung durch Einwirkung der bei Spannungsrelaxation entstehenden hochangeregten Ungleichgewichtszustände vor sich, unter deren Wirkung die zum leichteren Isotop gehörenden Bindungen, deren Schwingungen höherer Frequenz zugeordnet sind, mit größerer Wahrscheinlichkeit gespalten werden.

Eine weitere Möglichkeit, Informationen über den Charakter des Zerfallsmechanismus zu erhalten, besteht in der Untersuchung der Wirkung von Zusätzen auf den Zerfallsprozeß. Bei strahlenchemischen Prozessen wirken Zusätze, wie Cu^{++}-Ionen, zu einem Ionenkristall mit einwertigen Ionen, wie Silberoxalat, als Elektronenakzeptor, da auf Grund des zuvor erörterten nichtthermischen Mechanismus des strahlenchemischen Zerfalls eine Delokalisierung des Elektrons über mehrere Gitterabstände hinweg möglich ist. Beim thermischen Zerfall kommt es nicht zu dieser Delokalisierung, sondern nur zu einer unmittelbaren Abgabe des Elektrons an ein benachbartes Zwischengitterion. Durch Zusatz zweiwertiger Kupferionen wird die Konzentration der Zwischengitterionen herabgesetzt und damit die thermische Stabilität von Ag-Oxalat erhöht.

Nach Untersuchungen von Winkler, Jost und Heinicke [17] bewirkt, wie in Tab. 7 gezeigt wird, der Zusatz von Cu^{++}-Ionen im Silber-Oxalat eine Zunahme der tribochemischen Zersetzung. Auch hier erfolgt die Änderung der Wahrscheinlichkeit des tribolytischen Zerfalls in Analogie zur radiochemischen Zersetzung und verläuft entgegengesetzt der thermischen Zerfallswahrscheinlichkeit. Auch dieses Beispiel weist auf einen der strahlen- u. fotochemischen Zersetzung analogen Zerfallsmechanismus hin. Abschließend seien die unterschiedlichen Mechanismen zusammenfassend an Hand eines energetischen Schemas erläutert [18] (s. Abb. 4):

Bei der Radiolyse und Fotolyse erfolgt zuerst die Anregung der hochenergetischen Elektronenniveaus bis zur Ablösung freier Elektronen. Erst danach kommt es zur Anregung der Schwingungszustände und zur Bindungsspaltung. Bei der thermischen Zersetzung erfolgt die Anregung über Schwingungszustände, indem kontinuierlich die Rotations- und Schwingungsfreiheitsgrade zunehmend angeregt werden. Auch bei der tribochemischen Zersetzung erfolgt der Prozeß vorwiegend über die Anregung von Schwingungszuständen, aber zum Unterschied von der thermischen Spaltung werden hier sofort die hochenergetischen Schwingungszustände angeregt, die bis zur Delokalisierung und unter bestimmten Bedingungen, bis zum Austritt von freien Elektronen führen.

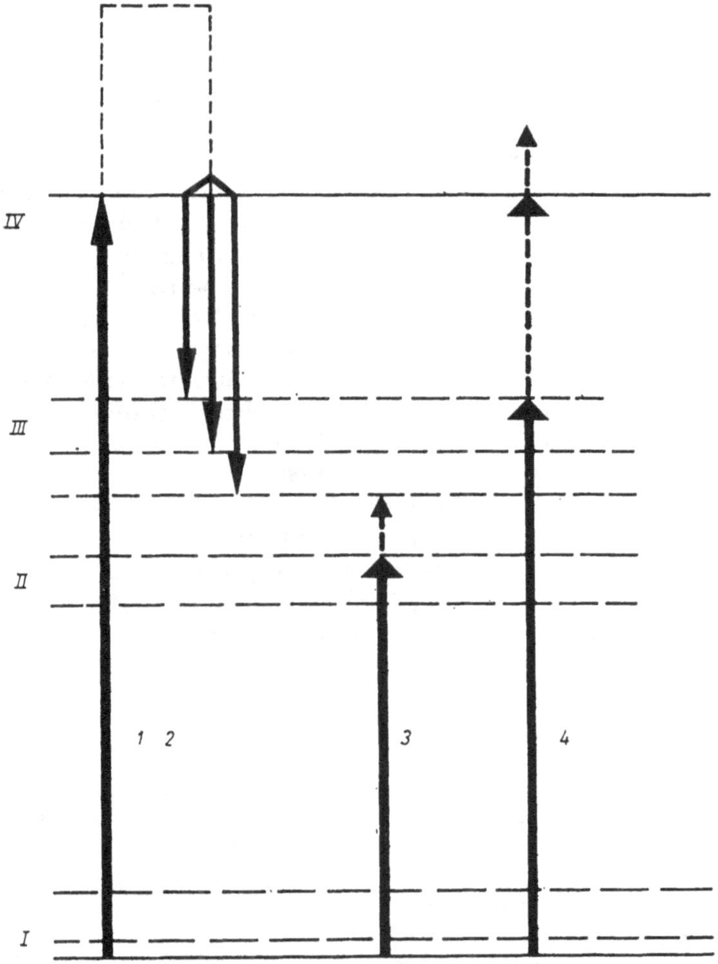

Abb. 4 Schematische Darstellung verschiedener Energieeinwirkungen auf einen Festkörper in einem energetischen Diagramm [18]
1 – Fotolyse, 2 – Radiolyse, 3 – Thermolyse, 4 – Tribolyse,
I) Niveau der Translationsenergie
II) Niveau der Rotationsenergie
III) Niveau der Schwingungsenergie
IV) angeregtes Elektronenniveau

Tabelle 7 Einfluß der Cu-Dotierung auf die tribochemische Silberoxalatzersetzung

Probe	Zersetzungsgrad, % (nach vergleichbarer Bearbeitungszeit)
$Ag_2C_2O_4$	14
$Ag_2C_2O_4$ + 0,2 mol-% Cu^{2+}	23,2
$Ag_2C_2O_4$ + 0,85 mol-% Cu^{2+}	25,5
$Ag_2C_2O_4$ + 2,5 mol-% Cu^{2+}	25,6
$Ag_2C_2O_4$ + 4,6 mol-% Cu^{2+}	26,9

Das Hauptcharakteristikum tribochemischer Reaktionen besteht also darin, daß sie über hoch angeregte Zustände extremen Ungleichgewichts verlaufen und sich dadurch von thermisch angeregten Reaktionen unterscheiden. Die Verwendung des Temperaturbegriffes ist deshalb nur bedingt möglich. Als vergleichendes Maß wird deshalb im oben definierten Sinne bei tribochemischen Prozessen der Begriff der Äquivalenttemperatur genutzt. Tribochemische Reaktionen sind ihrem Wesen nach also nichtthermischer Natur. Sie stehen den strahlen- und fotochemischen Prozessen sehr nahe und haben wiederum durch die bei der Übertragung mechanischer Energie auftretenden spezifischen Relaxationsprozesse ihre charakteristischen Besonderheiten. Ausgegangen sind diese Überlegungen und Untersuchungen vom THIESSENschen Plasmamodell, in dem die Nichtanwendbarkeit des Temperatur-Begriffes eine Grundforderung darstellte. Die weiterführenden Arbeiten auf diesem Gebiet, insbesondere auch der sowjetischen Schule, haben gezeigt, daß das ursprünglich als Arbeitshypothese aufgestellte Triboplasmamodell bereits in seiner allgemeinen Form das Wesen der tribochemischen Elementarprozesse richtig erfaßte.

Literatur

[1] K. PETERS, Symposium Zerkleinern, S. 79, Weinheim, Bergstr. 1962.

[2] P. A. THIESSEN, K. MEYER, G. HEINICKE, Grundlagen der Tribochemie, Abh. dtsch. Akad. Wiss., Kl. Chem. Geolog. und Biolog. Nr. 1, 1966.

[3] F. P. BOWDEN, D. TABOR, Reibung und Schmierung fester Körper, Berlin 1959.

[4] G. HEINICKE, H. HARENZ, Technik **24** (1969) 313.

[5] G. HEUNICKE, H. HOFFMANN, Surface science **24** (1971) 484.

[6] H. J. SPANGENBERG, Mitteilungsblatt d. Chem. Gesellschaft in der DDR **22** (1975) 10.

[7] G. HEINICKE, Tribochemie, Berlin, in Vorbereitung.

[8] R. WEICHERT, K. SCHÖNERT, Chem. Ing. Technik **49** (1977) 278.

[9] P. Ju. BUTJAGIN, Chem. Technik **25** (1973) 258.

[10] P. G. FOX, J. SORIA-RUIZ, Proc. Roy. Soc. London **A 317** (1970), 79.

[11] Lit. [1], S. 92.

[12] V. V. BOLDYREV, V. A. REGEL, O. F. POZDNJAKOV, F. CH. URAKAJEV, B. JA. BYLSKY, Dokl. AW UdSSR **221** (1975) 634.

[13] V. V. Boldyrev, E. G. Avvakumov, H. Harenz, G. Heinicke, L. I. Strugova, Z. anorg. allg. Chem. **393** (1972) 152.
[14] V. V. Boldyrev, Z. phys. Chem. **256** (1975) 352.
[15] H. P. Hennig, Dissertation, Berlin 1970.
[16] J. Mass, H. M. Nitsche, H. Hübner, H. P. Hennig, G. Heinicke, Isotopenpraxis **14** (1978) 94.
[17] E. Winkler, H. Jost, G. Heinicke, Z. Chem. **19** (1979) 426.
[18] V. V. Boldyrev, G. Heinicke, Z. Chem. **19** (1979) 353.

Steinike, Müller, Ebert, Hennig, Richter-Mendau

Amorphisierung des Quarzes durch Einwirkung mechanischer Energie und ihr Einfluß auf die Reaktivität

Aus der umfangreichen Literatur der Tribochemie ist bekannt, daß die Einwirkung mechanischer Energie auf die Struktur des Festkörpers zu einer starken Störung und auch zu einer Zerstörung der Struktur, zur Amorphisierung des Festkörpers führen kann. Ganz besonders sind in diesem Zusammenhang die Arbeiten von P.-A. Thiessen zu nennen.

Zunächst die Frage: was ist unter Amorphisierung zu verstehen, ist es berechtigt, von einer amorphen Struktur zu sprechen. Unter einer Struktur ist die räumliche Anordnung der Baueinheiten zu verstehen. Auch in einem amorphen Festkörper liegt eine räumliche Anordnung der Baueinheiten vor, die aber dadurch gekennzeichnet ist, daß die Baueinheiten nichtperiodisch angeordnet sind und daß dadurch die Fernordnung verloren geht, im Gegensatz zur Idealstruktur, in der eine strengperiodische Anordnung vorliegt.

Bei der Amorphstruktur existiert eine Nahordnung, die nur auf zwischenatomare Abstände beschränkt ist. Bisher wurde nur in wenigen Fällen die Nahordnungsstruktur mechanisch bearbeiteter Festkörper untersucht.

Wir setzten uns das Ziel, zu einigen in der Schwingmühle in Luftatmosphäre mechanisch aktivierten Quarzen [1] (α-Quarz, Tieftemperatur-Form) mit Hilfe der Methode von Warren [2] die radialen Elektronendichte-Verteilungsdiagramme (RED) zu berechnen, um daraus Aussagen zur Struktur der Nahordnungsbereiche machen zu können.

Im kristallinen Quarz wie auch im amorphen SiO_2 liegen als Baueinheiten SiO_4-Tetraeder vor. Die charakteristischen Unterschiede der Anordnung werden im zweidimensionalen Modell (Abb. 1) veranschaulicht: der vierte Sauerstoff-Nachbar jedes Siliziumatoms wurde weggelassen.

Im kristallinen Quarz sind die SiO_4-Tetraeder in einem periodischen, geordneten Netzwerk angeordnet, in dem die Tetraeder nichtplanare Sechsringe bilden. Im amorphen Zustand des SiO_2 ist die periodisch geordnete Struktur des Netzwerkes aufgehoben, die Tetraeder sind jedoch noch fest miteinander über die Sauerstoffbrücken verbunden. Neben den Sechsringen der Tetraeder treten auch Vier-, Fünf-, Sieben- und Achtringe auf.

Mit Hilfe der RED wurde festgestellt, daß bei Einwirkung mechanischer Energie unter den von uns gewählten Bedingungen die SiO_4-Tetraeder-Bau-

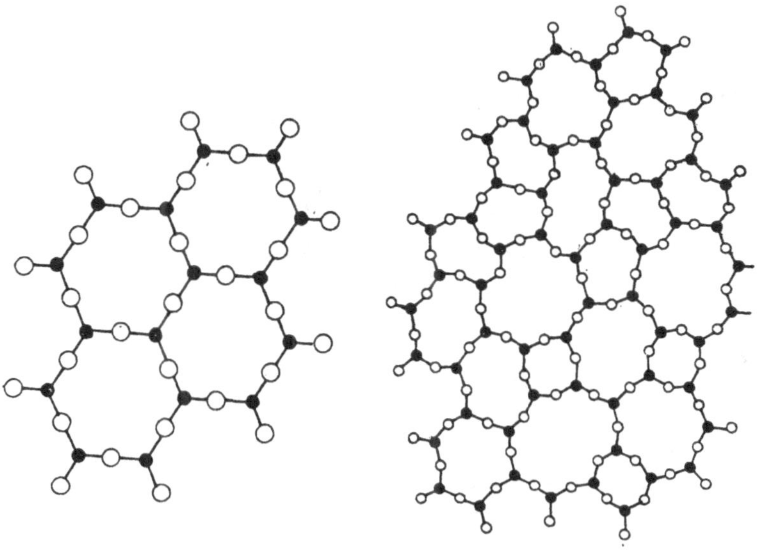

a) b)

Abb. 1 Atomanordnung im kristallinen Quarz (a) und amorphen SiO_2 (b) nach ZACHARIASEN [3] (Zweidimensionales Modell)

einheiten weitestgehend erhalten bleiben (Abb. 2). Ausgehend von einem Si-Atom treten im Bereich a (Radius $r = 0{,}3$ nm) keine größeren Veränderungen auf. Wesentlich ist, daß die im Quarz vorgeprägte Struktur im Bereich b ($0{,}30$ nm $< + <$ $0{,}65$ nm) bis zu $\approx 50\%$ auch nach dem Mahlprozeß erhalten geblieben ist. Zu $\approx 50\%$ ist die für den Quarz typische Tetraeder-Ringanordnung aufgehoben. Diese partielle Aufhebung der Anordnung der SiO_4-Tetraeder in den nichtpolaren 6-Ringen beginnt bereits bei einer Bearbeitungszeit von 4 h. Eine vollständige Zerstörung dieser Anordnung wird jedoch auch nach einer 70 stündigen Bearbeitung nicht erreicht. Damit unterscheidet sich der in der Schwingmühle bearbeitete und dadurch in der Struktur zerstörte Quarz im Nahordnungsbereich vom Zustand der amorphen Kieselsäure. Erst in dem räumlichen Bereich c ($r > 0{,}65$ nm) außerhalb der Si_4-Tetraederringe ist für das herausgegriffene SiO_4-Tetraeder die Anordnung aufgehoben. In der RED treten bei längeren Bearbeitungszeiten (ab 8 h) die gleichen Maxima wie bei der amorphen Kieselsäure auf.

Ein qualitativer Vergleich der RED (Abb. 3) vom kristallinen Quarz, vom mechanisch zerstörten Quarz und von amorpher Kieselsäure erläutert den genannten Unterschied. Besonders auffällig ist das Maximum bei 0,365 nm im kristallinen Quarz, das in der amorphen SiO_2-Modifikation fehlt. Es wird durch die SiO Maxima 2. Ordnung hervorgerufen, die durch die spezielle SiO_4-Tetra-

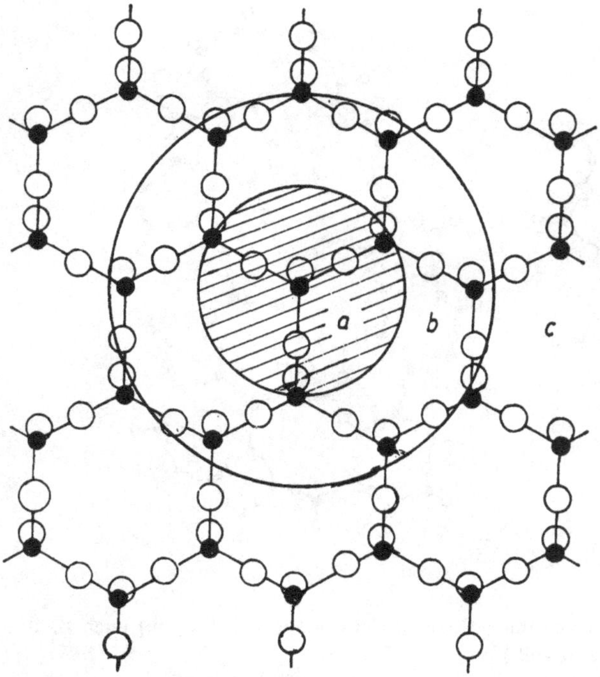

Abb. 2 Modell der Reichweite der Zerstörung der Quarzstruktur durch Einwirkung mechanischer Energie
a) wenig gestörter Bereich der SiO_4-Tetraeder-Baueinheiten ($r < 0{,}30$ nm)
b) Bereich der partiellen Aufhebung der Ringanordnung ($0{,}30$ nm $< r < 0{,}65$ nm)
c) amorphisierter Bereich außerhalb der SiO_4-Tetraeder-Ringe ($r > 0,\ 65$ nm)

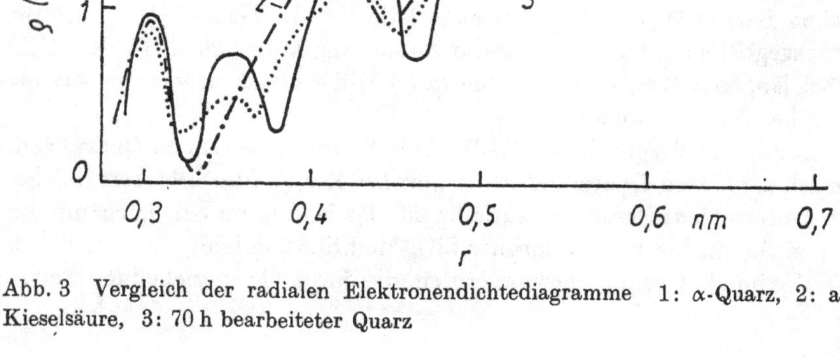

Abb. 3 Vergleich der radialen Elektronendichtediagramme 1: α-Quarz, 2: amorphe Kieselsäure, 3: 70 h bearbeiteter Quarz

ederanordnung in den Ringen entsteht. Typisch für amorphes SiO_2 ist dagegen ein Maximun bei 0,52 nm, das bei keiner mechanisch bearbeiteten Quarzprobe auftritt. Offensichtlich reicht die Energie der mechanischen Bearbeitung unter den gegebenen Bedingungen nicht aus, um die Quarzstruktur auch im Nahordnungsbereich $r < 0,65$ nm völlig zu zerstören.

Der mechanisch zerstörte „amorphe" Quarz ist ein partiellkristalliner Quarz. Er enthält sowohl Elemente der kristallinen Quarzstruktur als auch Elemente der Struktur der amorphen Kieselsäure.

Bei der mechanischen Aktivierung von Quarz werden in Abhängigkeit von der Gasatmosphäre bestimmte paramagnetische Zentren erzeugt [4]. Wesentlich ist, daß zwischen der Amorphisierung des Quarzes und diesen bei der mechanischen Bearbeitung entstehenden paramagnetischen Zentren ein Zusammenhang besteht. Wir konnten feststellen [4], daß mit steigender Bearbeitungszeit die Konzentration der Zentren zunächst stark zunimmt und dann einem Sättigungswert zustrebt, ähnlich dem Verlauf der Zunahme des partiell-kristallinen Anteils. Bei genauerer Betrachtung fällt jedoch der unterschiedliche Anstieg des partiellen kristallinen Anteils und der Zentrenzahl auf. Der verzögerte Anstieg der Zentrenzahl gegenüber der Zunahme des partiell-kristallinen Anteils ist unter gewählten. Versuchsbedingungen bei allen untersuchten Quarz/Gas-Systemen festzustellen.

Es ist wahrscheinlich, daß eine gewisse Zerstörung der Quarzstruktur Voraussetzung für das Entstehen der Zentren ist. Die paramagnetischen Zentren entstehen primär im Wesentlichen durch Bindungsbrüche. Diese Bindungsbrüche können erst nach einer Speicherung von Energie (z.B. mechanische Energie) erfolgen. Von besonderem Interesse im Zusammenhang mit der partiell-kristallinen Struktur des mechanisch aktivierten Quarzes ist die Entstehung der von uns beobachteten Sauerstoffdefektelektronen-Zentren. Diese entstehen nur bei der *mechanischen* Aktivierung von Quarz und nur in Gegenwart von Sauerstoff.

Es ist anzunehmen, daß die Sauerstoffdefektelektronen-Zentren in den Gebieten auftreten, in denen die SiO_4 Tetraederringstruktur aufgebrochen wurde. Diese Gebiete können befähigt sein, als Defektelektronenfänger zu wirken, z.B. über einen brückengebundenen Sauerstoff, dessen Nahordnung gestört ist (ausführlich in [5]).

Interessant ist weiterhin die Frage, ob das gesamte Quarzkorn gestört ist oder ob es bevorzugte Stellen gibt, an denen sich partiell-kristalliner Quarz befindet.

In der Literatur [6, 7] gibt es Hinweise dafür, daß bei Druck- und Scher-Belastung, wie sie bei der Schwingmahlung auftritt, eine bevorzugte Störung der Oberfläche stattfindet. Es wurde festgestellt [8], daß sich um einen wenig gestörten Quarzkern eine partiell-kristalline Quarzschicht bildet.

Die Schicht hat eine Dicke von ≈ 20–30 nm, die Dicke ist weitestgehend unabhängig von den Aktivierungsbedingungen. Die insgesamt gemessene Abnahme der Kristallinität (bis auf 10%) und der Primärteilchengröße (auf 30 nm Durchmesser) der Quarzkörner mit steigender Bearbeitungszeit ist auf die zunehmende Zerstörung der Quarzstruktur innerhalb der Schicht zurückzuführen. Die Größe der Primärteilchen im Quarzkern liegt bei 90 nm und entspricht damit etwa der Größe der Sekundärteilchen. Im Innern der Schicht wurde die Größe der Primärteilchen zu 1–10mm abgeschätzt, abhängig von den Bearbeitungsbedingungen.

Der Übergang zwischen der Schicht und dem Kern erfolgt kontinuierlich (Abb. 4).

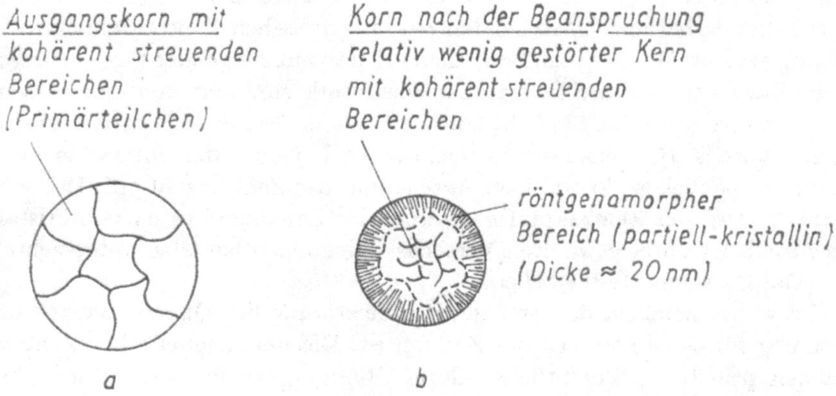

Abb. 4 Einfluß der mechanischen Bearbeitung in einer Schwingmühle auf ein Quarz-Korn (Modellvorstellung)
a: Primärteilchengröße: >100 nm, Kristallinität: 100%, Korngröße: 0,2–0,4 nm
b: Primärteilchengröße des Quarzkernes: 90 nm, Primärteilchengröße in der Schicht: 1–10 nm, Kristallinität: 20 90%, Korngröße: 90 nm

Die partiell-kristalline Quarzschicht konnte auf den Pulvern indirekt elektronenmikroskopisch und auf Quarzeinkristallen mittels Elektronenbeugung (Müller, E. in [9)] direkt nachgewiesen werden. In dieser Schicht befinden sich auch die paramagnetischen Zentren. Die am Quarz entwickelte Modellvorstellung konnte inzwischen von Kretzschmar [10] auch am MgO bestätigt werden. Die Untersuchungen zur Veränderung der Realstruktur sind die Grundlage der Aufklärung der Ursachen der Festkörperreaktivität. Die partiell-kristalline Quarzschicht zeichnet sich durch eine erhöhte Reaktivität aus, wie z.B. nach Abschluß der Bearbeitung erfolgte Lösungsprozesse und während der Bearbeitung untersuchte Sorptionsmessungen zeigen.

Zwischen der Lösbarkeit und der Kristallinität besteht in dem untersuchten Bereich ein linearer Zusammenhang (Abb. 5).

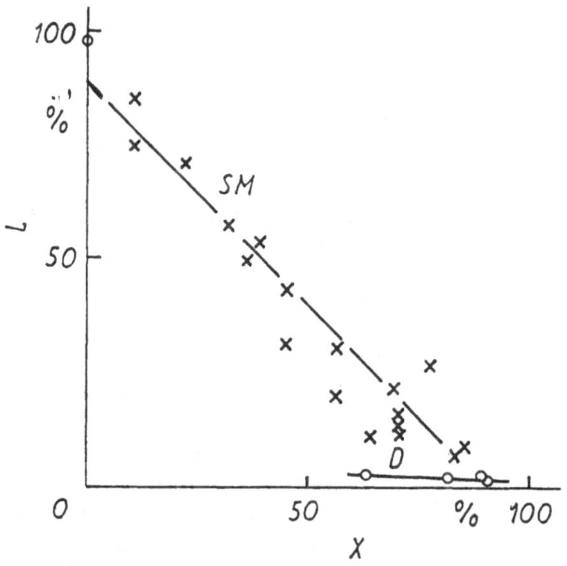

Abb. 5 Abhängigkeit der Lösbarkeit L in der Schwingmühle SM bzw. im Desintegrator D bearbeiteter Quarzproben von der Kristallinität X

Mechanisch amorphisierter Quarz erreicht aber nicht die Lösbarkeit der amorphen Kieselsäure. Wir nehmen an, daß die geringere Lösbarkeit des mechanisch amorphisierten Quarzes u.a. auf die nur partiell-kristalline Struktur des Quarzes zurückzuführen ist. Hier zeigt sich aber auch noch ein anderer interessanter Effekt. Die 2. Kurve zeigt die Abhängigkeit der Lösbarkeit prallbeanspruchter Quarze von der Kristallinität. Trotz gleicher Kristallinität wird bei den prallbeanspruchten Quarzen eine geringere Lösbarkeit erreicht [11].

Ohne ausführlich auf dieses Ergebnis einzugehen, soll nur soviel gesagt werden, daß bei der Prallbeanspruchung eine andere Verteilung der Störungen vorliegt. Die Störungen sind dem Lösungsmittel nicht im gleichen Maße zugänglich. Die Reaktivität ist also nicht nur abhängig von der Art der Störungen, sondern auch von ihrer Verteilung.

Bei der mechanischen Aktivierung von Quarz in Gegenwart von Gasen kommt es zu Wechselwirkungen des Festkörpers mit den Gasen [12]. Die absorbierte Gasmenge steigt generell mit zunehmender Störung des Quarzes, sie unterscheidet sich aber bei den eingesetzten Gasen z.T. um Größenordnungen.

Die insgesamt absorbierte Gasmenge hängt entscheidend von der chemischen Wechselwirkung der Gase mit dem Festkörper ab, auf die in [5] eingegangen wird.

Die Größe der Oberfläche ist nicht von so entscheidendem Einfluß, zumal sie von den Aktivierungsbedingungen und nicht von der Art der Gase abhängig ist. Es wird mehr Gas sorbiert (bei Annahme ausschließlicher Adsorption, monomolekularer Bedeckung und einem Flächenbedarf, wie er für die einzelnen Gase für die BET-Gleichung verwendet wird [12]) als der Größe der spezifischen Oberfläche bei Annahme einer monomolekularen Bedeckung entspricht. Das sorbierte Gas kann sich nicht nur auf der Oberfläche befinden, es muß ins Innere der partiell-kristallinen Quarzschicht gelangen.

Die stark zerstörte Struktur des Quarzes scheint prädistiniert für eine Gasabsorption und für eine die Lösbarkeit begünstigende Diffusion zu sein.

Zusammenfassung

Durch die mechanische Bearbeitung wird ein partiell-kristalliner Quarz erzeugt, in dem die Fernordnung aufgehoben ist. Die durch den Quarz vorgeprägte Nahordnung bleibt jedoch für $r < 0{,}65$ nm ca. zu 50% bestehen.

Bei der angewandten Druck- und Scherbeanspruchung kommt es zu einer bevorzugten Störung der oberflächennahen Bereiche. Einen relativ wenig gestörten Quarzkern umgibt eine 20–30 nm dicke partiell-kristalline Quarzschicht. Diese Schicht weist eine hohe Reaktivität auf, wie am Beispiel der Lösbarkeit in Natronlauge und der Sorption einfacher Gase nachgewiesen wird.

Dank gebührt den wissenschaftlich-technischen Mitarbeitern Frl. Bauer, Frau Becker, Frau Fitzner, Frau Groth, Herrn Held und Frau Nissel.

Literatur

[1] U. Steinike, B. Müller, I. Ebert, H.-P. Hennig, Kristall und Technik **14** (1979) 1469.

[2] B. E. Warren, „X-Ray Diffraction" New York 1970.

[3] W. J. Zachariasen, J. Amer. Chem. Soc. **54** (1932) 3841

[4] U. Steinike, I. Ebert, H. Geissler, H.-P. Hennig, U. Kretzschmar, Kristall und Technik **13** (1978) 579.

[5] H.-P. Hennig, I. Ebert, H. Geissler, U. Steinike, U. Kretzschmar, Sitzungsberichte der AdW der DDR **3N** (1981) 114.

[6] H.-P. Heegn, C. Bernhardt, J. Gottschalk, K. Husemann, Chem. Techn. **26** (1974) 696.

[7] C. Bernhardt, H. Heegn, 4. Europ. Symp. Zerkleinern, Nürnberg 1975, 213.

[8] U. Steinike, I. Ebert, J. Jedamzik, U. Kretzschmar, H.-P. Hennig, Kristall und Technik **13** (1978) 1229.

[9] U. Steinike, E. Müller, J. Richter-Mendau, H. P. Hennig, Kristall und Technik **14** (1979) K 37.

[10] U. Kretzschmar, Vergleichende Strukturelle Untersuchungen an mechanisch durch Druck und Scherung bzw. Prall gestörten MgO-Pulvern, Dissertation an der Akademie der Wissenschaften, 1980 in Vorbereitung.

[11] U. Steinike u.a., Kristall und Technik in Vorbereitung.

[12] H.-P. Hennig, I. Ebert, U. Steinike, H. Geissler, U. Kretzschmar, Kristall und Technik **15** (1980) 353.

ISSN 0138-3956

FSC
www.fsc.org
MIX
Papier | Fördert
gute Waldnutzung
FSC® C083411

Kolibri 360 GmbH
Ferdinand-Jühlke-Straße 7
99095 Erfurt, Deutschland
produktsicherheit@kolibri360.de